Avian Atlas of Jiulian Mountain in Jiangxi Province

江西九连山鸟类图谱

金志芳　陈志高　高友英　主编

中国林业出版社
China Forestry Publishing House

图书在版编目（CIP）数据

江西九连山鸟类图谱 / 金志芳, 陈志高, 高友英主

编. -- 北京：中国林业出版社, 2020.11

ISBN 978-7-5219-0562-5

Ⅰ. ①江… Ⅱ. ①金… ②陈… ③高… Ⅲ. ①自然保

护区－鸟类－龙南县－图集 Ⅳ. ①Q959.708-64

中国版本图书馆CIP数据核字(2020)第077496号

中国林业出版社·自然保护分社（国家公园分社）

策划编辑：刘家玲

责任编辑：刘家玲　宋博洋

特约审校：罗子沐

出　　版	中国林业出版社（100009　北京市西城区德内大街刘海胡同7号）
	http://www.forestry.gov.cn/lycb.html　**电话：**（010）83143625　83143519
发　　行	中国林业出版社
印　　刷	河北京平诚乾印刷有限公司
版　　次	2020年11月第1版
印　　次	2020年11月第1版
开　　本	787mm×1092mm　1/16
印　　张	20.75
字　　数	550千字
定　　价	350.00元

鸟类是常见的一个动物类群，种类多，分布广，对环境变化十分敏感，在保护生物多样性和维护自然生态平衡中具有重要地位。加强关键地区的鸟类调查和研究，可为拯救全球珍稀濒危物种、管理自然保护地提供科学依据。

自然保护地是保护自然生态系统和生物多样性的重要载体，也是鸟类多样性最丰富的区域。江西九连山国家级自然保护区位于赣粤边界的江西省龙南市，地处南岭东段北坡。这里属中亚热带与南亚热带过渡地带，有较大面积的原生性亚热带常绿阔叶林和极其丰富的生物多样性。

我对江西九连山自然保护区的了解有将近20年了。最早一次机缘是在保护区晋升国家级期间，我阅读了综合考察报告和总体规划，知道九连山保护区的生态价值很高。另外一次是2004年3月，我的恩师郑光美院士带领北师大的老师和研究生到九连山考察黄腹角雉，尽管我因故没能一同前往，但从同事那里看到了很多野外考察的珍贵照片。

为了掌握九连山鸟类资源本底，更好地做好鸟类资源保护工作，保护区管理局从2001年起组织力量开展了多次鸟类专项调查，并与中山大学的研究团队进行了卓有成效的合作。至2019年底，共发现鸟类286种，约占江西省鸟类种数570种的50.2%，基本上查清了保护区的鸟类资源现状。

为系统总结九连山的鸟类调查成果，保护区管理局组织技术人员编写了《江西九连山鸟类图谱》。全书共收录鸟类18目62科286种，是目前该保护区最完整的一份鸟类名录。全书采用《中国鸟类分类与分布名录》第三版的分类系统，对每种鸟类进行了简要的介绍，并配有鸟类生态照片。由于有刘阳副教授在学术上把关，因此该书具有很强的科学性。该书是一本有关九连山鸟类资源的工具书，也是自然教育工作者的一本精美野外指南。对该书的正式出版，我致以衷心的祝贺！

中国动物学会副理事长

2020年11月

　　南岭山地九连山因环连赣粤两省九县并有 99 座山峰相连而得名。江西九连山国家级自然保护区位于赣粤边界江西省龙南县，属南岭东部核心地段。保存有南岭山地低纬度低海拔典型的原生性亚热带常绿阔叶林及丰富的生物多样性，在中国植被区划中属中亚热带湿润常绿阔叶林与南亚热带季风常绿阔叶林过渡地带，植物和植被具有过渡带的典型性，生物多样性极为丰富，素有"动植物避难所""生物资源基因库"之称，为南岭东部的一座绿色宝库。

　　一直以来，九连山保护区就是中外专家和学者关注的地方，先后有中国科学院学部委员侯学煜、院士郑光美，中国工程院李文华、洪宗炜、马建章院士等一大批专家学者到九连山考察指导。

　　为了摸清鸟类资源家底和有效开展保护，保护区积极开展了各种鸟类调查和专项监测工作。保护区于 2001 年至 2003 年通过申报国家级保护区开展了第一次全面系统的鸟类资源本底调查，共发现记录了 226 种鸟类。此后经过保护区工作人员和到九连山进行鸟类考察、观测的专家及观鸟爱好者近十年的调查和观测，到 2014 年，经保护区廖承开等整理发表记录新增鸟类 40 种，鸟类总数达到 266 种。

　　2014 年起，在袁景西局长和金志芳局长的部署下，保护区联合中山大学开展了九连山鸟类野外调查。到 2019 年底已经连续开展了 6 年多，监测人员在野外观测、拍照、记录累计超过 1200 天，拍摄鸟类调查照片十多万张，调查共记录到了 238 种鸟类，使目前保护区鸟类种数达到 286 种，基本摸清了九连山鸟类资源状况。

　　结合近十年的调查和观测，我们撰写了《江西九连山鸟类图谱》，本书采用郑光美主编《中国鸟类分类与分布名录》第三版的分类系统，汇集保护区历年研究成果，共收集九连山有记录的鸟类 18 目 62 科 286 种，每种除有翔实的鸟种信息文字说明，还基本配有该鸟雌、雄或夏羽、冬羽的生态照片，有些还配有幼鸟或亚成鸟，而这些照片基本上都是在九连山拍摄的。

　　在本书编写中，中山大学生态学院刘阳副教授对本书部分鸟种照片进行了鉴定，同时提出了诸多宝贵意见和建议。江西省科学院林剑声先生、资深观鸟人杜卿先生参与了部分鸟类野外调查，并提供了大量精美照片，两人同时为收集本书照片花费了大量精力。广东省生物资源应用研究所张强先生、中山大学赵岩岩先生为收集本书照片做了大量工作。付杰、张明、韦铭、王大勇、李小强等十几位鸟类摄影爱好者提供了精美的图片。九连山保护区历任领导和职工在鸟类调查和编制本书当中始终给予了大力支持和帮助，在此一并感谢！

由于编者水平有限，本书难免有错漏和不当之处，敬请各位专家和读者批评指正！

编者

2020 年 11 月

目 录
CONTENTS

鸡形目 GALLIFORMES

雉科 Phasianidae

鹤形目 GRUIFORMES

秧鸡科 Rallidae

鸻形目 CHARADRIIFORMES

鸻科 Charadriidae

鹬科 Scolopacidae

彩鹬科 Rostratulidae

三趾鹑科 Turnicidae

鸽形目 COLUMBIFORMES

鸠鸽科 Columbidae

鹃形目 CUCULIFORMES

杜鹃科 Cuculidae

鸮形目 STRIGIFORMES

草鸮科 Tytonidae

鸱鸮科 Strigidae

䴙䴘目

PODICIPEDIFORMES

本目为游禽。外形似鸭，嘴直而尖。
体型较小，脚短而位置特别靠后，趾具瓣
蹼，翼和尾短小。善于潜水，主要以鱼类
和水生昆虫为食。中国有1科5种，九连山
有1科2种。

鹛鹏科 Podicipedidae

1 小鹛鹛
Tachybaptus ruficollis
Little Grebe

形态特征 体长23～29厘米。繁殖羽：喉及前颈偏红色，头顶及颈背深灰褐色，上体褐色，下体偏灰色，具明显黄色嘴斑。非繁殖羽：上体灰褐色，下体白色。虹膜黄色；嘴黑色；脚蓝灰色。

生活习性 栖息于江河、湖泊、沼泽等各类湿地中。常单独或成小群活动。主要以各种小型鱼类为食，也吃其他小型无脊椎动物，偶尔也吃少量水生植物。

分布状况 分布于全国各地。在九连山属留鸟，各地均有分布。常见。

保护级别 "三有"保护野生动物，江西省重点保护野生动物。

居留期记录
1月 2月 3月 4月 5月 6月 7月 8月 9月 10月 11月 12月

夏羽
摄影：陈志高

冬羽
摄影：陈志高

鹛䴙科 Podicipedidae

2 凤头鹛䴙
Podiceps cristatus
Great Crested Grebe

形态特征 体长50～58厘米。嘴形长，颈修长，具显著的深色羽冠，下体近白色，上体纯灰褐色。繁殖期成鸟颈背栗色，颈具鬃毛状饰羽。虹膜近红色；嘴黑褐色（冬季红色），下颚基部带红色，嘴峰近黑色；脚橄榄绿色。

生活习性 栖息于开阔的平原江河、湖泊、沼泽等各类湿地中。常成对或成小群活动。主要以各种小型鱼类为食，也吃昆虫，甲壳类等水生无脊椎动物，偶尔也吃少量水生植物。

分布状况 除海南外，见于全国各地。在九连山属冬候鸟，见于上湖水库和花露。少见。

保护级别 "三有"保护野生动物，江西省重点保护野生动物。

居留期记录

| 1月 | 2月 | 3月 | 4月 | 5月 | 6月 | 7月 | 8月 | 9月 | 10月 | 11月 | 12月 |

夏羽
摄影：卓小海

冬羽
摄影：杜卿

夏羽
摄影：林剑声

鲣鸟目

SULIFORMES

本目为游禽，主要分布于温热带水域。大多具全蹼，四趾均朝前；有些种类嘴下有发育程度不同的喉囊。擅游泳，以鱼类、软体动物等为食。中国有3科11种，九连山有1科1种。

鸬鹚科 Phalacrocoracidae

3 普通鸬鹚
Phalacrocorax carbo
Great Cormorant

形态特征 体长约72～87厘米。全身体羽黑色具铜褐色金属光泽，嘴厚重。脸颊及喉白色。繁殖期颈及头饰以白色丝状羽，两胁具白色斑块。亚成鸟：深褐色，下体污白色。虹膜蓝色；嘴黑色，嘴角和下嘴基裸露皮肤黄色；脚黑色。

生活习性 栖息于河流、湖泊、池塘、水库、河口及沼泽地带。常成小群活动。擅长游泳和潜水。主要以各种鱼类为食。

分布状况 广布于全国各地，繁殖于长江以北；迁徙经中部；冬季至南方各地及海南、台湾越冬。在九连山属冬候鸟，横坑水水库有分布。少见。

保护级别 "三有"保护野生动物，江西省重点保护野生动物。

居留期记录

1月 2月 3月 4月 5月 6月 7月 8月 9月 10月 11月 12月

夏羽
摄影：杜卿

冬羽
摄影：陈志高

鹈形目

PELECANIFORMES

本目为大中型涉禽，多为长颈、长腿的鸟类，嘴形不一，但多较大较长。具4趾，3趾在前，1趾在后，且在同一平面上。栖于水边或近水地方。以小鱼、昆虫及蛙等其他小型动物为食。中国有3科35种，九连山有1科12种。

鹭科 Ardeidae

4 草鹭
Ardea purpurea
Purple Heron

形态特征 体长83～97厘米。顶冠黑色并具两道饰羽，颈棕色且颈侧具黑色纵纹。背及覆羽灰色，飞羽黑色，背两侧杂有棕红色，胸腹蓝黑色，两胁栗红色。虹膜黄色；嘴暗黄色，嘴尖角褐色；脚红褐色。

生活习性 栖息于湖泊、田边、水塘、沼泽等芦苇和杂草丛生处。多单独或成小群活动。主要以小鱼、蛙、蝗虫等动物性食物为食。

分布状况 地区性常见留鸟。除新疆、西藏、青海外分布于全国各省。在九连山属留鸟，各地均有分布。少见。

保护级别 "三有"保护野生动物，江西省重点保护野生动物。

居留期记录

| 1月 | 2月 | 3月 | 4月 | 5月 | 6月 | 7月 | 8月 | 9月 | 10月 | 11月 | 12月 |

亚成鸟
摄影：杜卿

成鸟
摄影：陈志高

成鸟
摄影：陈志高

摄影：陈志高

鹭科 Ardeidae

5 绿鹭
Butorides striata
Striated Heron

形态特征 体长35～48厘米。成鸟：顶冠及松软的长冠羽闪绿黑色光泽，一道黑色线从嘴基部过眼下及脸颊延至枕后。两翼及尾青蓝色并具绿色光泽，羽缘皮黄色。腹部粉灰色，颏白色。幼鸟具褐色纵纹。虹膜黄色；嘴黑色，下嘴黄绿色；脚偏绿色。

生活习性 主要栖息于有树木和灌丛的河流岸边。性孤独，多单独活动。主要以各种鱼类为食，也吃虾、蛙、水生昆虫和软体动物。

分布状况 分布于东北地区东南部，华北、华中、华南等地区，海南、台湾有分布。在九连山属留鸟，各地均有分布。易见。

保护级别 "三有"保护野生动物，江西省重点保护野生动物。

居留期记录
1月 2月 3月 4月 5月 6月 7月 8月 9月 10月 11月 12月

摄影：陈志高

鹭科 Ardeidae

6 池鹭
Ardeola bacchus
Chinese Pond Heron

形态特征 体长40～51厘米。夏季：头及颈深栗色，胸紫酱色，肩至尾上覆羽满布蓝黑色蓑羽。冬季：站立时具褐色纵纹，飞行时体白色而背部深褐色。虹膜黄色；嘴黄色（端黑色）；腿及脚暗黄色或黄绿色。

生活习性 主要栖息于稻田、池塘、湖泊、沼泽等各类湿地中。常单独或成小群活动。主要以小鱼、虾、蛙、小蛇等动物性食物为食，有时也吃少量植物性食物。

分布状况 除黑龙江外，分布于全国各省。在九连山属留鸟，各地均有分布。易见。

保护级别 "三有"保护野生动物，江西省重点保护野生动物。

居留期记录

1月 2月 3月 4月 5月 6月 7月 8月 9月 10月 11月 12月

夏羽
摄影：陈志高

夏羽
摄影：陈志高

冬羽
摄影：陈志高

鹭科 Ardeidae

1 牛背鹭
Bubulcus ibis
Cattle Egret

形态特征 体长47～55厘米。繁殖羽：体羽白色，头、颈、胸和背中央沾橙黄色。非繁殖羽：体羽白色，仅部分鸟额部沾橙黄色。虹膜黄色；嘴黄色；脚暗黄至近黑色。

生活习性 栖息于平原草地、稻田、湖泊和沼泽地中。多成对或成小群活动。主要以蝗虫、蟋蟀、牛蝇等昆虫为食，也吃蜘蛛、黄鳝、蚂蟥等其他动物。

分布状况 除宁夏、新疆外分布于全国各省。在九连山属夏候鸟，各地均有分布。易见。

保护级别 "三有"保护野生动物，江西省重点保护野生动物。

居留期记录

| 1月 | 2月 | 3月 | 4月 | 5月 | 6月 | 7月 | 8月 | 9月 | 10月 | 11月 | 12月 |

夏羽
摄影：陈志高

冬羽
摄影：杜卿

夏羽
摄影：陈志高

鹭科 Ardeidae

8 白鹭
Egretta garzetta
Little Egret

形态特征 体长55～65厘米。体羽白色。繁殖羽纯白色，颈背具细长饰羽，背及胸具蓑状羽。虹膜黄色；脸部裸露皮肤黄绿色，于繁殖期变为淡粉色；嘴黑色；腿及脚黑色，趾黄色。

生活习性 栖息于平原、丘陵的江河湖泊、鱼塘、水库、农田、沼泽地中。喜群居活动。主要以各种小鱼、黄鳝、泥鳅、蛙、虾、昆虫为食。

分布状况 分布于东北、华北等地区及南方各地、台湾、海南。在九连山属夏候鸟，各地均有分布。易见。

保护级别 "三有"保护野生动物，江西省重点保护野生动物。

居留期记录

1月 2月 3月 4月 5月 6月 7月 8月 9月 10月 11月 12月

夏羽
摄影：陈志高

冬羽
摄影：杜卿

鹭科 Ardeidae

9 中白鹭
Ardea intermedia
Intermediate Egret

形态特征 体长65～72厘米。体羽白色。繁殖羽其背及胸部有松软的长丝状羽，嘴及腿短期呈粉红色，脸部裸露皮肤灰色。冬季通体白色，无蓑羽。虹膜黄色；嘴黄色（端褐色）；腿及脚黑色。

生活习性 栖息于河流、湖泊、海边和水塘岸边的浅水处。常单独或成小群活动。主要以鱼、蛙、虾、蝗虫等为食。

分布状况 分布于西南、华南、华中、东南，海南和台湾也有分布。在九连山属夏候鸟，上湖、横坑水水库有分布。少见。

保护级别 "三有"保护野生动物。

居留期记录

| 1月 | 2月 | 3月 | 4月 | 5月 | 6月 | 7月 | 8月 | 9月 | 10月 | 11月 | 12月 |

夏羽
摄影：陈志高

冬羽
摄影：陈志高

鹭科 Ardeidae

10 夜鹭
Nycticorax nycticorax
Black-crowned Night Heron

形态特征 体长46～60厘米。成鸟：顶冠黑色，颈及胸白色，颈背具两条白色丝状羽，背黑色，两翼及尾灰色。亚成鸟：具褐色纵纹及点斑。亚成鸟虹膜黄色，成鸟鲜红色；嘴黑色；脚污黄色。

生活习性 栖息于江河、湖泊、鱼塘、水库、农田、沼泽地等。喜结群，于晨、昏和夜间活动。主要以鱼、虾、水生昆虫等为食。

分布状况 分布于东北、华北、华东、华中、华南等地区及海南。在九连山属夏候鸟，主要分布于上湖、横坑水及大丘田，易见。

保护级别 "三有"保护野生动物。

居留期记录
1月 2月 3月 4月 5月 6月 7月 8月 9月 10月 11月 12月

成鸟
摄影：陈志高

成鸟
摄影：林剑声

亚成鸟
摄影：陈志高

鹭科 Ardeidae

11 海南鸦
Gorsachius magnificus
White-eared Night Heron

形态特征 体长54～60厘米。眼大漆黑，向外突出。具粗大的白色过眼纹并且延伸至耳羽上方的羽冠，眼先绿色。上体、顶冠、头侧斑纹、冠羽及颈侧线条深褐色。胸具矛尖状皮黄色长羽，羽缘深色；上颈侧橙褐色。翼覆羽具白色点斑，翼灰色。颏、喉及其余下体白色。虹膜黑色；嘴黑色，下嘴基部黄色；脚黄绿色。

生活习性 主要栖息于亚热带高山密林中的山沟河谷和其他有水域的地带。夜行性，白天多隐藏在密林中，早晚活动和觅食。主要以小鱼、蛙、昆虫等为食。

分布状况 分布于安徽、江西、浙江、福建、广东、广西、海南。在九连山过去记录为留鸟，通过近几年监测，显示该鸟在九连山可能属夏候鸟，横坑水水库、大丘田河有分布。少见。

保护级别 国家二级重点保护野生动物。

居留期记录

| 1月 | 2月 | 3月 | 4月 | 5月 | 6月 | 7月 | 8月 | 9月 | 10月 | 11月 | 12月 |

摄影：陈志高

鹭科 Ardeidae

12 黄斑苇鳽
Ixobrychus sinensis
Yellow Bittern

形态特征 体长30~36厘米。雄鸟：顶冠黑色，上体淡黄褐色，下体皮黄色，黑色的飞羽与皮黄色的覆羽呈强烈对比。雌鸟似雄鸟，头顶栗褐色，背部和胸部有褐色纵纹。亚成鸟似成鸟但褐色较浓，全身满布纵纹，两翼及尾黑色。虹膜黄色；眼周裸露皮肤黄绿色；嘴绿褐色；脚黄绿色。

生活习性 栖息于湖泊、水塘、水库、沼泽地带。常单独或成对活动。主要以鱼、虾、水生昆虫等动物性食物为食。

分布状况 分布于东北至华中、华南、东南、西南等地区及台湾、海南。在九连山属夏候鸟，各地均有分布。少见。

保护级别 "三有"保护野生动物。

居留期记录

| 1月 | 2月 | 3月 | 4月 | 5月 | 6月 | 7月 | 8月 | 9月 | 10月 | 11月 | 12月 |

雄鸟
摄影：陈志高

摄影：陈志高

雌鸟
摄影：杜卿

鹭科 Ardeidae

13 栗苇鳽
Ixobrychus cinnamomeus
Cinnamon Bittern

形态特征 体长30～38厘米。成年雄鸟：上体栗色，下体黄褐色，喉及胸具由黑色纵纹形成的中线，两胁具黑色纵纹，颈侧具偏白色纵纹。雌鸟：色暗，褐色较浓。亚成鸟：下体具纵纹及横斑，上体具点斑。虹膜黄色；嘴基部裸露皮肤橘黄色，嘴黄色；脚黄绿色。

生活习性 栖息于芦苇、沼泽、水塘、溪流和稻田中。夜间较活跃。主要以水生动物为食，也吃少量植物性食物。

分布状况 分布于辽宁至华中、华东、华南、西南等地区及海南、台湾。在九连山属夏候鸟，各地均有分布，易见。

保护级别 "三有"保护野生动物。

居留期记录
| 1月 | 2月 | 3月 | 4月 | 5月 | 6月 | 7月 | 8月 | 9月 | 10月 | 11月 | 12月 |

成鸟
摄影：陈志高

成鸟
摄影：陈志高

幼鸟
摄影：陈志高

成鸟
摄影：陈志高

鹭科 Ardeidae

14 黑苇鸦
Ixobrychus flavicollis
Black Bittern

形态特征 体长50～59厘米。成年雄鸟：通体青灰色（野外看似黑色），颈侧黄色，喉具黑色及黄色纵纹。雌鸟：褐色较浓，下体白色较多。亚成鸟：顶冠黑色，背及两翼羽尖黄褐色或褐色鳞状纹。虹膜红色或褐色；嘴黄褐色；脚黑褐色。

生活习性 栖息于湖泊、芦苇、沼泽、水塘、稻田和竹林中。多单独或成对活动。主要以鱼、虾、泥鳅和水生昆虫为食。

分布状况 分布于长江中下游各地及海南、台湾。在九连山属夏候鸟，主要分布于大丘田。少见。

保护级别 "三有"保护野生动物，江西省重点保护野生动物。

居留期记录

| 1月 | 2月 | 3月 | 4月 | 5月 | 6月 | 7月 | 8月 | 9月 | 10月 | 11月 | 12月 |

摄影：林剑声

雄鸟
摄影：王大勇

鹭科 Ardeidae

15 紫背苇鳽
Ixobrychus eurhythmus
Von Schrenck's Bittern

形态特征 体长30～39厘米。雄鸟：头顶黑色，上体紫栗色，下体具皮黄色纵纹，喉及胸有深色纵纹形成的中线。雌鸟及亚成鸟褐色较重，上体具黑白色及褐色杂点，下体具纵纹。飞行时翼下灰色为其特征。虹膜红色或褐色；上嘴黑褐色，下嘴绿褐色；脚黄绿色。

生活习性 栖息于开阔平原地区的河流、干湿草地、水塘和沼泽地中，也见于山区村庄附近的稻田、水渠。除繁殖期外，多单独活动。主要以鱼、虾、蛙、昆虫为食。

分布状况 分布于东北、华北、华中、华南、西南、东南等地区及海南、台湾。在九连山属夏候鸟，各地均有分布。少见。

保护级别 "三有"保护野生动物。

居留期记录

| 1月 | 2月 | 3月 | 4月 | 5月 | 6月 | 7月 | 8月 | 9月 | 10月 | 11月 | 12月 |

雄鸟
摄影：张明

雁形目

ANSERIFORMES

本目为游禽，均为水栖性鸟类，擅游泳和飞行。体型大小不一，有的种类具有明显的冠羽，喙多为扁平形，尖端具有嘴甲，大多长颈，翅长而尖，脚短。食性多样，大部分种类在繁殖季节以鱼、虾、甲壳类和软体动物为食，而在迁徙和越冬时以水草等植物性食物为食。中国有1科54种，九连山有1科4种。

雄鸟
摄影：陈志高

雄鸟
摄影：陈志高

鸭科 Anatidae

16 绿头鸭
Anas platyrhynchos
Mallard

形态特征 体长47～62厘米。雄鸟：头及颈深绿色带光泽，白色颈环使头与栗色胸隔开。背部黑褐色，两胁及翼灰白色，翼镜紫蓝色带光泽，尾部黑色，尾羽白色。雌鸟：体羽褐色斑驳；有深色的贯眼纹。虹膜褐色；雄鸟嘴黄绿色，雌鸟嘴黑褐色；脚橘黄色。

生活习性 主要栖息于湖泊、河流、池塘、沼泽等各种水域中。除繁殖期外成群活动。主要以植物性食物为食，也吃软体动物、甲壳虫、水生生物等动物性食物。

分布状况 主要繁殖于西北、东北等地区。越冬于西藏西南部及北纬40°以南的华中、华南广大地区，包括台湾。在九连山属冬候鸟，大丘田、田心电站有分布。少见。

保护级别 "三有"保护野生动物，江西省重点保护野生动物。

居留期记录
| 1月 | 2月 | 3月 | 4月 | 5月 | 6月 | 7月 | 8月 | 9月 | 10月 | 11月 | 12月 |

雄（左）雌（右）
摄影：陈志高

鸭科 Anatidae

17 斑嘴鸭
Anas poecilorhyncha
Eastern Spot-billed Duck

形态特征 体长50～64厘米。雄鸟：头顶及贯眼纹暗褐色，嘴黑色而嘴端黄色。眉纹、喉、颊皮黄色。上体灰褐色，具棕白色羽缘。下背至尾为黑褐色。胸淡棕白色，杂有褐色斑纹。白色的三级飞羽停栖时有时可见，飞行时甚明显。两性同色，但雌鸟较黯淡。虹膜褐色；脚珊瑚红色。

生活习性 栖息于湖泊、河流、水库、沼泽等各种水域中。除繁殖期外，常成群活动。主要以植物性食物为食，也吃软体动物、甲壳虫、水生生物等动物性食物。

分布状况 分布广泛，几乎遍布全国。在九连山属冬候鸟，大丘田、田心电站有分布。少见。

保护级别 "三有"保护野生动物，江西省重点保护野生动物。

居留期记录
1月 2月 3月 4月 5月 6月 7月 8月 9月 10月 11月 12月

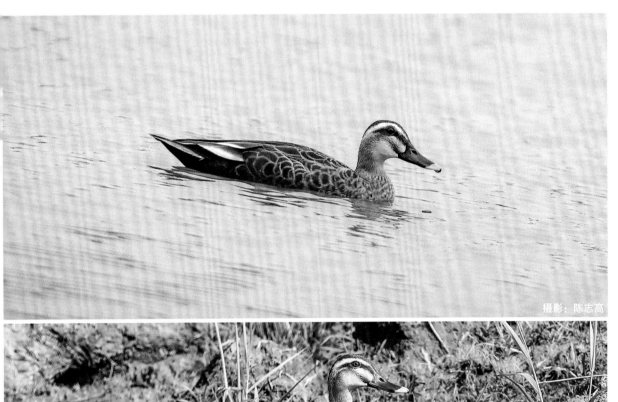

摄影：陈志高

摄影：林剑声

鸭科 Anatidae

18 绿翅鸭
Anas crecca
Green-winged Teal

形态特征 体长34～37厘米。绿色翼镜在飞行时显而易见。雄鸟：有明显的金属亮绿色，带皮黄色边缘的贯眼纹横贯栗色的头部，肩羽上有一道长长的白色条纹，深色的尾下羽外缘具皮黄色斑块，其余体羽多灰色。雌鸟：体羽褐色斑驳，腹部色淡。虹膜褐色；嘴灰色；脚灰色。

生活习性 栖息于江河、湖泊、水塘、沼泽等各种水域中。喜欢集群。主要以植物性食物为食，也吃动物性食物。

分布状况 繁殖于东北地区及新疆天山；迁徙和越冬期间见于全国各地，包括台湾。在九连山属冬候鸟，上下湖、大丘田、田心电站有分布。少见。

保护级别 "三有"保护野生动物，江西省重点保护野生动物。

居留期记录

| 1月 | 2月 | 3月 | 4月 | 5月 | 6月 | 7月 | 8月 | 9月 | 10月 | 11月 | 12月 |

雄鸟
摄影：杜卿

雄（左）雌（右）
摄影：陈志高

雌鸟
摄影：陈志高

鸭科 Anatidae

19 鸳鸯
Aix galericulata
Mandarin Duck

形态特征 体长38～45厘米。雄鸟有醒目的白色眉纹、金色颈、背部长羽以及拢翼后可直立的独特的棕黄色炫耀性"帆状饰羽"。雌鸟不甚艳丽，具有亮灰色体羽及雅致的白色眼圈及眼后线。虹膜褐色；雄鸟嘴红色，尖端白色，雌鸟褐色；脚近黄色。

生活习性 繁殖期栖息于山地森林附近的湖泊、河流、水塘等地带。非繁殖期主要栖息于大的湖泊、江河和沼泽地带。营巢于树上洞穴。除繁殖期外，常成群活动。主要以植物性食物为食，也吃动物性食物。

分布状况 除新疆、西藏、青海外，分布于全国各省。在九连山属冬候鸟，横坑水、大丘田、田心电站有分布。少见。

保护级别 国家二级重点保护野生动物。

居留期记录
1月 2月 3月 4月 5月 6月 7月 8月 9月 10月 11月 12月

雌鸟
摄影：林剑声

雄鸟
摄影：林剑声

鹰形目

ACCIPITRIFORMES

本目为猛禽。嘴呈钩状，蜡膜裸出，两眼侧置，爪强劲有力；脚和趾强健有力，通常3趾向前，1趾向后，呈不等趾型，趾端钩爪锐利。雌鸟体型较雄鸟大。栖息于各类生境。以野兔、鼠类、昆虫和小鸟等为食。中国有2科56种，九连山有1科18种。

鹰科 Accipitridae

20 黑冠鹃隼
Aviceda leuphotes
Black Baza

形态特征 体长30～33厘米。黑色的长冠羽常直立头上。整体体羽黑色，胸具白色宽纹，翼具白斑，腹部具深栗色横纹。两翼短圆，飞行时可见黑色衬，翼灰色而端黑色。虹膜红色或紫褐色；嘴角质色，蜡膜灰色；脚深灰色。

生活习性 栖息于山脚平原、低山丘陵和高山森林地带。常单独活动，有时也成数只的小群在空中盘旋。多在黄昏时觅食，以鼠类、昆虫为食。

分布状况 分布于西藏南部和华中、华南、西南等地区及海南、台湾。在九连山属夏候鸟，各地均有分布。易见。

保护级别 国家二级重点保护野生动物。

居留期记录
1月 2月 3月 4月 5月 6月 7月 8月 9月 10月 11月 12月

摄影：陈志高

摄影：陈志高

鹰科 Accipitridae

21 黑鸢
Milvus migrans
Black Kite

形态特征 体长55~69厘米。上体暗褐色，下体棕褐色具黑褐色纵纹，尾分叉，飞行时初级飞羽基部具明显的浅色次端斑纹。虹膜褐色；嘴灰色，蜡膜蓝灰色；脚灰色。

生活习性 栖息于开阔平原、草地、荒野、低山丘陵地带。常单独或成对活动。主要以鼠类、昆虫、蜥蜴、小鸟、野兔、和蛇等动物性食物为食，偶尔也吃家禽和腐尸。

分布状况 分布于全国各地，包括台湾、海南及青藏高原高至海拔5000米的适宜栖息生境。在九连山属留鸟，各地均有分布。少见。

保护级别 国家二级重点保护野生动物。

居留期记录
1月 2月 3月 4月 5月 6月 7月 8月 9月 10月 11月 12月

摄影：林剑声

摄影：陈志高

鹰科 Accipitridae

22 黑翅鸢
Elanus caeruleus
Black-winged Kite

形态特征 体长30～33厘米。成鸟：头顶、背、翼覆羽及尾基部灰色，眼先、眉纹、翅覆羽和飞羽黑色，脸、颈及下体白色。亚成鸟似成鸟但沾褐色。虹膜红色；嘴黑色，蜡膜黄色；脚黄色。

生活习性 栖息于开阔平原、农田、疏林和草地地区。常单独或成对活动。主要以鼠类、昆虫、小鸟、野兔和爬行动物为食。

分布状况 分布于云南、广西、广东、江西、浙江、福建、海南、香港。在九连山属留鸟，各地均有分布。少见。

保护级别 国家二级重点保护野生动物。

居留期记录
1月 2月 3月 4月 5月 6月 7月 8月 9月 10月 11月 12月

摄影：陈志高

摄影：陈志高

摄影：陈志高

摄影：陈志高

鹰科 Accipitridae

23 赤腹鹰
Accipiter soloensis
Chinese Sparrowhawk

形态特征 体长25～30厘米。成鸟：上体淡蓝灰色，背部羽尖略具白色，外侧尾羽具不明显黑色横斑；下体白色，胸及两胁略沾粉色，两胁具浅灰色横纹，腿上也略具横纹。亚成鸟：上体褐色，尾具深色横斑，下体白色，喉具纵纹，胸部及腿上具褐色横斑。虹膜红色或褐色；嘴灰色，端黑，蜡膜橘黄色；脚橘黄色。

生活习性 栖息于山地森林和林缘地带。常单独或成小群活动。主要以鼠类、昆虫、小鸟、蜥蜴为食。

分布状况 分布于华北、华中、西南、华南、东南等地区及台湾、海南。在九连山属夏候鸟，各地均有分布。易见。

保护级别 国家二级重点保护野生动物。

居留期记录

| 1月 | 2月 | 3月 | 4月 | 5月 | 6月 | 7月 | 8月 | 9月 | 10月 | 11月 | 12月 |

摄影：陈志高

鹰科 Accipitridae

24 凤头鹰
Accipiter trivirgatus
Crested Goshawk

形态特征 体长41～49厘米。雄鸟：具短羽冠，上体灰褐色，两翼及尾具横斑，下体棕色，胸部具棕褐色纵纹，腹部具近黑色粗横斑，颈白色，有近黑色纵纹至喉，具两道黑色髭纹。飞行时白色的尾下覆羽明显飘动。雌鸟：似成年雄鸟但下体纵纹及横斑均为褐色，上体褐色较淡。虹膜绿黄色；嘴灰色，蜡膜黄色；腿及脚黄色。

生活习性 栖息于山地森林和山脚林缘地带。多单独活动。常在森林上空盘旋。主要以鼠类、小鸟、蛙、蜥蜴为食。

分布状况 分布于西南、华南、华中、东南等地区及海南、台湾。在九连山属留鸟，各地均有分布。少见。

保护级别 国家二级重点保护野生动物。

居留期记录

| 1月 | 2月 | 3月 | 4月 | 5月 | 6月 | 7月 | 8月 | 9月 | 10月 | 11月 | 12月 |

摄影：杜卿

摄影：林剑声

鹰科 Accipitridae

25 雀鹰
Accipiter nisus
Eurasian Sparrowhawk

形态特征 体长30～40厘米。雄鸟：上体褐灰色，下体白色多具棕色横斑，尾具横带。脸颊棕色。雌鸟：体型较大，上体褐色，下体白色，胸、腹部及腿上具灰褐色横斑，无喉中线，脸颊棕色较少。亚成鸟：胸部具褐色横斑，无纵纹。虹膜艳黄色；嘴角质灰色，端黑色；脚黄色。

生活习性 栖息于山地森林和林缘地带。常单独活动。主要以鼠类、小鸟、昆虫为食。

分布状况 分布于全国各地。在九连山属留鸟，各地均有分布。少见。

保护级别 国家二级重点保护野生动物。

居留期记录
1月 2月 3月 4月 5月 6月 7月 8月 9月 10月 11月 12月

雌鸟
摄影：杜卿

雄鸟
摄影：杜卿

雄鸟
摄影：林剑声

鹰科 Accipitridae

26 松雀鹰
Accipiter virgatus
Besra

形态特征　体长28～38厘米。雄鸟：上体深灰色，尾具粗横斑，下体白色，两肋棕色且具褐色横斑，喉白色而具黑色喉中线，有黑色髭纹。雌鸟及亚成鸟：两肋棕色少，下体多具红褐色横斑，背褐色，尾褐色而具深色横纹。亚成鸟胸部具纵纹。虹膜黄色；嘴黑色，蜡膜灰色；腿及脚黄色。

生活习性　栖息于山地针叶林、阔叶林和混交林中。常单独活动。主要以鼠类、小鸟、昆虫为食。

分布状况　分布于华南、西南、东南等地区及海南、台湾。在九连山属留鸟，各地均有分布。少见。

保护级别　国家二级重点保护野生动物。

居留期记录

| 1月 | 2月 | 3月 | 4月 | 5月 | 6月 | 7月 | 8月 | 9月 | 10月 | 11月 | 12月 |

摄影：杜卿

摄影：陈志高

鹰科 Accipitridae

27 日本松雀鹰
Accipiter gularis
Japanese Sparrowhawk

形态特征 体长25～34厘米。雄鸟：上体深灰色，尾灰色并具几条深色带，胸浅棕色，腹部具非常细羽干纹，无明显的髭纹。雌鸟：上体褐色，下体少棕色但具浓密的褐色横斑。亚成鸟：胸具纵纹而非横斑，多棕色。虹膜黄色（亚成鸟）至红色（成鸟）；嘴蓝灰色，端黑色，蜡膜绿黄色；脚绿黄色。

生活习性 栖息于针叶林、阔叶林、混交林林缘及疏林地带。主要以小鸟、昆虫和蜥蜴为食。

分布状况 分布于全国各地。在九连山属冬候鸟，各地均有分布。少见。

保护级别 国家二级重点保护野生动物。

居留期记录
1月 2月 3月 4月 5月 6月 7月 8月 9月 10月 11月 12月

摄影：杜卿

摄影：杜卿

鹰科 Accipitridae

28 苍鹰
Accipiter gentilis
Northern Goshawk

形态特征 体长48～68厘米。无冠羽或喉中线，具白色的宽眉纹。成鸟上体青灰色，白色眉纹显著，下体白色上具粉褐色横斑。雌鸟显著大于雄鸟。幼鸟上体褐色浓重，羽缘色浅成鳞状纹，下体具偏黑色粗纵纹。虹膜黄色；嘴角质灰色；脚黄色。

生活习性 栖息于针叶林、阔叶林、针阔混交林等地带。多单独活动。除繁殖期外，很少在空中盘旋。主要以鸟类、鼠类、野兔等小型动物为食。

分布状况 除台湾外，见于全国各地。在九连山属冬候鸟，各地均有分布。少见。

保护级别 国家二级重点保护野生动物。

居留期记录

1月 2月 3月 4月 5月 6月 7月 8月 9月 10月 11月 12月

摄影：杜卿

鹰科 Accipitridae

29 普通𫛭
Buteo japonicus
Eastern Buzzard

形态特征　体长50～59厘米。体色变化大，上体暗褐色；下体暗褐色或淡褐色，具深褐色横纹或纵纹，尾短，常展开成扇形。飞行时两翼宽而圆，初级飞羽基部具特征性白色块斑，翼下白色，翼尖、翼角及飞羽外缘黑色（淡色型）或全黑褐色（暗色型）。在高空翱翔时两翼略呈"V"形。虹膜黄色至褐色；嘴灰色，端黑色，蜡膜黄色；脚黄色。

生活习性　栖息于开阔林地和林缘地带。多单独活动，有时也见2～4只的小群在天空翱翔。主要以鼠类为食，也吃蛙、蛇、野兔、小鸟等动物。

分布状况　分布于全国各地。在九连山属冬候鸟，各地均有分布。少见。

保护级别　国家二级重点保护野生动物。

居留期记录
1月 2月 3月 4月 5月 6月 7月 8月 9月 10月 11月 12月

摄影：陈志高

摄影：林剑声

鹰科 Accipitridae

30 灰脸鵟鹰
Butastur indicus
Grey-faced Buzzard

形态特征 体长40~47厘米。颏及喉为明显白色，具黑色的顶纹及髭纹。头侧近黑色；上体褐色，具近黑色的纵纹及横斑；胸褐色而具黑色细纹。下体余部具棕色横斑而有别于白眼鵟鹰。尾细长，平型。虹膜黄色；嘴灰色，蜡膜黄色；脚黄色。

生活习性 栖息于山地森林和林缘地带。多单独活动，飞行迅速常近地面飞行。主要以昆虫、蛙、蛇、蜥蜴等动物为食。

分布状况 繁殖于东北地区；迁徙时除青藏高原和西北地区外，见于全国各地。在九连山属冬候鸟，各地均有分布。少见。

保护级别 国家二级重点保护野生动物。

居留期记录

1月 2月 3月 4月 5月 6月 7月 8月 9月 10月 11月 12月

摄影：林剑声

摄影：杜卿

鹰科 Accipitridae

31 鹰雕
Nisaetus nipalensis
Mountain Hawk-Eagle

形态特征 体长67～86厘米。体细长，腿被羽，翼甚宽，尾长而圆，具长冠羽。有深色及浅色型。深色型：上体褐色，具黑及白色纵纹及杂斑；尾红褐色有几道黑色横斑；颏、喉及胸白色，具黑色的喉中线及纵纹；下腹部、大腿及尾下棕色而具白色横斑。浅色型：上体灰褐色；下体偏白色，有近黑色过眼线及髭纹。虹膜黄色至褐色；嘴黑色，蜡膜黑灰色；脚黄色。

生活习性 繁殖季节栖息于山地森林地带，冬季多下到低山丘陵和山脚平原地区的阔叶林和林缘地带。多单独活动。主要以野兔、雉鸡和鼠类为食。

分布状况 分布于西藏南部及云南西部、四川、安徽、江西、浙江、福建、广东、广西、台湾、海南。在九连山属留鸟，各地均有分布。少见。

保护级别 国家二级重点保护野生动物。

居留期记录

1月 2月 3月 4月 5月 6月 7月 8月 9月 10月 11月 12月

摄影：杜卿

摄影：杜卿

鹰科 Accipitridae

32 草原雕
Aquila nipalensis
Steppe Eagle

形态特征 体长71～82厘米。成鸟上体土褐色，下体具灰色及稀疏的横斑，两翼具深色后缘。飞行时两翼平直，滑翔时两翼略弯曲。幼鸟咖啡奶色，翼下具白色横纹；尾黑色，尾端的白色及翼后缘的白色带与黑色飞羽呈对比。翼上具两道皮黄色横纹，尾上覆羽具"V"字形皮黄色斑。尾有时呈楔形。虹膜浅褐色；嘴灰色，蜡膜黄色；脚黄色。

生活习性 栖息于林木茂密的开阔平原、草地、荒漠和低山丘陵地带的荒原草地。主要以鼠类、野兔、蜥蜴、蛇等动物为食，也吃动物尸体和腐尸。

分布状况 分布于辽宁至华北、西北、华东、西南、华南等地区及海南。在九连山属冬候鸟，罕见。2003年以前有记录，最近15年未有观察记录。

保护级别 国家二级重点保护野生动物。

居留期记录
1月 2月 3月 4月 5月 6月 7月 8月 9月 10月 11月 12月

摄影：林剑声

摄影：林剑声

鹰科 Accipitridae

33 白腹隼雕
Aquila fasciata
Bonelli's Eagle

形态特征 体长68～73厘米。成鸟上体暗褐色，头顶和后颈棕褐色。胸部色浅而具深色纵纹，尾部色浅并具黑色端带；翼下覆羽色深，具浅色的前缘。成鸟飞行时上背具白色块斑。幼鸟翼具黑色后缘，沿大覆羽有深色横纹，其余覆羽色浅。上体大致褐色，头部皮黄色具深色纵纹，脸侧略暗。虹膜黄褐色；嘴灰色，蜡膜黄色；脚黄色。

生活习性 栖息于开阔地区，常在乔木顶端或悬崖上活动。多单独活动。主要以鼠类、野兔和鸟类为食。

分布状况 分布于云南、广西、广东、贵州、湖北及长江中游下地区。在九连山属留鸟，各地均有分布。少见。

保护级别 国家二级重点保护野生动物。

居留期记录

| 1月 | 2月 | 3月 | 4月 | 5月 | 6月 | 7月 | 8月 | 9月 | 10月 | 11月 | 12月 |

摄影：杜卿

摄影：杜卿

鹰科 Accipitridae

34 林雕
Ictinaetus malayensis
Black Eagle

形态特征 体长67～77厘米。全身大致为黑褐色，歇息时两翼长于尾。飞行时尾长而宽，两翼长且由狭窄的基部逐渐变宽，具显著"手指"。初级飞羽基部具明显的浅色斑块，尾及尾上覆羽具浅灰色横纹。亚成鸟：色彩较浅，具皮黄色的细纹和羽缘，腿浅色。虹膜褐黄色；嘴铅灰色，端黑色，蜡膜黄色；脚－黄色。

生活习性 栖息于山地森林中，尤以低山的阔叶林和混交林中最常见。主要以鼠类、野兔、鸟类和昆虫等为食。

分布状况 分布于西藏东南部、云南、广东、江西、浙江、福建、台湾。在九连山属留鸟，各地均有分布。少见。

保护级别 国家二级重点保护野生动物。

居留期记录
1月 2月 3月 4月 5月 6月 7月 8月 9月 10月 11月 12月

摄影：杜卿

摄影：杜卿

鹰科 Accipitridae

35 白尾鹞
Circus cyaneus
Hen Harrier

形态特征 体长43～52厘米。雄鸟：具显眼的白色腰部和黑色翼尖，上体及喉和胸蓝灰色，腹部和腿羽白色。雌鸟：上体褐色，具棕黄色羽缘，腰白色，下体皮黄色，具红褐色纵纹。虹膜黄色；嘴黑色，蜡膜黄绿色；脚黄色。

生活习性 栖息于低山丘陵、沼泽及水域附近的开阔地带。常沿地面低空飞行。主要以鼠类、蛙、蜥蜴、小型鸟类等动物为食。

分布状况 繁殖于新疆西部、内蒙古、河北及东北地区。迁徙和越冬见于全国各地。在九连山属冬候鸟，各地均有分布。少见。

保护级别 国家二级重点保护野生动物。

居留期记录
1月 2月 3月 4月 5月 6月 7月 8月 9月 10月 11月 12月

雌鸟
摄影：林剑声

雄鸟
摄影：林剑声

雌鸟
摄影：陈志高

鹰科 Accipitridae

36 鹊鹞
Circus melanoleucos
Pied Harrier

形态特征 体长42～48厘米。两翼细长。雄鸟：体羽黑、白及灰色；头、颈、胸部、背及翅尖黑色，腹部和腰白色，尾灰色。雌鸟：上体褐色沾灰并具纵纹，腰白色，尾具横斑，下体皮黄色具棕色纵纹；飞羽下面具近黑色横斑。亚成鸟：上体深褐色，尾上覆羽具苍白色横带，下体栗褐色并具黄褐色纵纹。虹膜黄色；嘴角质色，蜡膜黄绿色；脚黄色。

生活习性 栖息于低山丘陵、山脚平原、沼泽等开阔地带。多单独活动，常低飞捕食蛙类、鼠类、蜥蜴等小型动物。

分布状况 繁殖于东北地区，冬季南下至东南、华南、西南等地区。在九连山属冬候鸟，各地均有分布。少见。

保护级别 国家二级重点保护野生动物。

居留期记录
1月 2月 3月 4月 5月 6月 7月 8月 9月 10月 11月 12月

雄鸟
摄影：杜卿

雌鸟
摄影：杜卿

鹰科 Accipitridae

37 蛇雕
Spilornis cheela
Crested Serpent Eagle

形态特征 体长55～73厘米。成鸟：上体深褐色或灰色，下体褐色，腹部、两胁及臀具白色点斑。尾部黑色横斑间以灰白色的宽横斑，黑白两色的冠羽短宽而蓬松。飞行时可见尾部宽阔的白色横斑及白色的翼后缘。亚成鸟似成鸟但褐色较浓，体羽多白色。虹膜黄色；嘴灰褐色，蜡膜铅灰色或黄色；脚黄色。

生活习性 栖息于山地森林及林缘开阔地带。单独或成对活动。主要以蛇类为食，也吃鼠类、鸟类、蛙和蜥蜴等。

分布状况 分布于西藏东南部、西南、华南、东南等地区及海南、台湾。在九连山属留鸟，各地均有分布。少见。

保护级别 国家二级重点保护野生动物。

居留期记录

1月 2月 3月 4月 5月 6月 7月 8月 9月 10月 11月 12月

摄影：林剑声

摄影：陈志高

隼形目

FALCONIFORMES

体型中等或稍小的猛禽。嘴呈钩状，较短，先端两侧有齿突，基部不被蜡膜或须状羽；爪强劲有力，翅长而狭尖，飞行时扇翅节奏快；尾较细长。中国有1科12种，九连山有1科4种。

隼科 Falconidae

38 白腿小隼

Microhierax melanoleucus
Pied Falconet

形态特征 体长18～20厘米。头顶及上体黑色，脸侧及耳覆羽黑色，耳覆羽周围具白色线条或块斑。下体白色。虹膜深褐色；嘴褐色；脚黑色。

生活习性 栖息于落叶森林及林缘地带。单独或成群活动。主要以昆虫、鼠类、小鸟等动物为食。

分布状况 分布于西南、华南、东南等地区。在九连山属留鸟。2003年以前有记录，最近十五年未有观测记录。罕见。

保护级别 国家二级重点保护野生动物。

居留期记录

1月 2月 3月 4月 5月 6月 7月 8月 9月 10月 11月 12月

摄影：林剑声

摄影：林剑声

隼科 Falconidae

39 红隼
Falco tinnunculus
Common Kestrel

形态特征 体长32～39厘米。雄鸟头顶及颈背灰色，眼下有一垂直向下黑带斑，尾蓝灰色无横斑。上体赤褐色略具黑色横斑，下体皮黄色而具黑色纵纹。雌鸟：体型略大，上体全褐，比雄鸟少赤褐色而多粗横斑。亚成鸟：似雌鸟，但纵纹较重。虹膜褐色；嘴灰色而端黑色，蜡膜黄色；脚黄色。

生活习性 栖息于山地森林、低山丘陵、农田等各种生境中。主要以昆虫、鼠类、小鸟、蜥蜴等动物为食。

分布状况 分布于全国各地。在九连山属留鸟，各地均有分布。少见。

保护级别 国家二级重点保护野生动物。

居留期记录

| 1月 | 2月 | 3月 | 4月 | 5月 | 6月 | 7月 | 8月 | 9月 | 10月 | 11月 | 12月 |

雌鸟
摄影：陈志高

雄鸟
摄影：林剑声

隼科 Falconidae

40 红脚隼
Falco amurensis
Amur Falcon

形态特征 体长28～30厘米。雄鸟上体暗石板灰色，喉、胸及两胁灰蓝色，腹部、尾下覆羽及腿羽棕红色。雌鸟上体暗灰色，具黑褐色横斑，颊、喉、颈侧及其余下体乳白色，眼下有黑斑，胸具黑褐色纵纹，腹部具黑褐色横纹。幼鸟似雌鸟，但上体为灰褐色具沙皮黄色羽缘，下体淡棕白色。虹膜褐色，眼圈橙黄色；嘴灰色，蜡膜橙黄色；脚橙黄色。

生活习性 栖息于低山疏林、林缘、河流、沼泽、农耕地等开阔地带。常单独或成对活动。主要以昆虫、鼠类、小鸟、蜥蜴等动物为食。

分布状况 除海南外，见于全国各地。在九连山属旅鸟，各地均有分布。少见。

保护级别 国家二级重点保护野生动物。

居留期记录
1月 2月 3月 **4月** **5月** 6月 7月 8月 9月 **10月** **11月** 12月

雌鸟
摄影：陈志高

亚成鸟
摄影：陈志高

雄鸟
摄影：杜卿

隼科 Falconidae

41 游隼
Falco peregrinus
Peregrine Falcon

形态特征 体长41~50厘米。成鸟：头顶及脸颊近黑色或具黑色条纹；髭纹黑色，眼圈黄色。上体深灰具黑色点斑及横纹；喉及下体白，胸具黑色纵纹，腹部、腿及尾下多具黑色横斑。雌鸟比雄鸟体大。亚成鸟：褐色浓重，腹部具纵纹。虹膜黑色；嘴灰色，蜡膜黄色；脚腿及脚黄色。

生活习性 栖息于山地、森林或田野等开阔地带。多单独活动。主要以野鸭、鸠鸽类等中小型鸟类为食。

分布状况 分布于全国各地。在九连山属留鸟，各地均有分布。少见。

保护级别 国家二级重点保护野生动物。

居留期记录

1月	2月	3月	4月	5月	6月	7月	8月	9月	10月	11月	12月

摄影：杜卿

摄影：陈志高

鸡形目

GALLIFORMES

本目为陆禽，外形似鸡。喙短，呈圆锥形，翼短圆，不善飞；脚强健，具锐爪，3趾前1趾后，善于行走。雄鸟具大的肉冠和艳丽的羽毛，尾羽较雌鸟长。主要栖息于森林、灌丛和草地中，主要以植物种子、果实和昆虫为食。中国有1科64种，九连山有1科9种。

雉科 Phasianidae

42 中华鹧鸪
Francolinus pintadeanus
Chinese Francolin

形态特征 体长28～35厘米。雄鸟：头黑带栗色眉纹，一条宽阔的白色条带由眼下至耳羽，颏及喉白色，枕、上背、下体及两翼有醒目的白点，背和尾具白色横斑。雌鸟似雄鸟，上体多棕褐色，下体皮黄色带黑斑。虹膜红褐色；嘴近黑色；脚黄色。

生活习性 栖息于低海拔的多草和疏林地带。喜欢单独或成对活动。杂食性，以昆虫及植物种子等为食。

分布状况 分布于云南、贵州、广西、广东、福建、江西、浙江、安徽、海南。在九连山属留鸟，主要分布在保护区周边。少见。

保护级别 "三有"保护野生动物，江西省重点保护野生动物。

居留期记录

1月	2月	3月	4月	5月	6月	7月	8月	9月	10月	11月	12月

摄影：郑康华

雉科 Phasianidae

43 鹌鹑
Coturnix japonica
Japanese Quail

形态特征 体长16～20厘米。上体具褐色与黑色横斑及皮黄色矛状长条纹。下体皮黄色，胸及两胁具黑色条纹。头具条纹及近白色的长眉纹。夏季雄鸟脸、喉及上胸栗色。雌鸟似雄鸟，但体色较淡。虹膜红褐色；嘴灰色；脚肉黄色。

生活习性 栖息于低山丘陵、山脚平原、溪流岸边和疏林空地等地带。除繁殖季节成对外，常成数只的小群活动。主要以植物叶、芽、种子、草籽为食，也吃谷类、豆类等农作物和昆虫及小型无脊椎动物。

分布状况 除新疆、西藏外，分布于全国各省。在九连山属冬候鸟，各地均有分布。少见。

保护级别 "三有"保护野生动物，江西省重点保护野生动物。

居留期记录
1月 2月 3月 4月 5月 6月 7月 8月 9月 10月 11月 12月

摄影：林剑声

摄影：杜卿

雉科 Phasianidae

44 白眉山鹧鸪
Arborophila gingica
White-necklaced Hill Partridge

形态特征 体长26～30厘米。腿红色，眉白色，眉线散开，喉黄色，华美的颈项上具黑、白及巧克力色环带是本种特征。虹膜褐色；嘴灰色；脚红色。

生活习性 栖息于海拔1300米以下的低山丘陵地带的阔叶林中。常在林下茂密的植物丛或林缘灌丛地带活动。晚上栖于树上。主要以植物果实、种子为食，也吃昆虫和其他小型无脊椎动物。

分布状况 分布于福建北部及中部、广东北部、广西瑶山、江西南部和东北部。在九连山属留鸟，各地均有分布。少见。

保护级别 "三有"保护野生动物。

居留期记录

| 1月 | 2月 | 3月 | 4月 | 5月 | 6月 | 7月 | 8月 | 9月 | 10月 | 11月 | 12月 |

摄影：林剑声

雉科 Phasianidae

45 灰胸竹鸡
Bambusicola thoracica
Chinese Bamboo Partridge

形态特征 体长22～37厘米。上体灰褐色，上背、胸侧及两胁有月牙形的大块褐色斑。额、眉线、颈圈灰蓝色，两胁具黑褐色点斑或横斑。虹膜红褐色；嘴褐色；脚绿灰色。

生活习性 栖息于低、中海拔的灌丛和竹林地带。常成小群活动。主要以植物果实、种子、嫩叶及农作物为食，也吃蚂蚁、昆虫等动物性食物。

分布状况 分布于华中、华南、东南等地区及台湾。在九连山属留鸟，各地均有分布。常见。

保护级别 "三有"保护野生动物，江西省重点保护野生动物。

居留期记录
| 1月 | 2月 | 3月 | 4月 | 5月 | 6月 | 7月 | 8月 | 9月 | 10月 | 11月 | 12月 |

摄影：陈志高

摄影：陈志高

雉科 Phasianidae

46 黄腹角雉
Tragopan caboti
Cabot's Tragopan

形态特征 体长62~70厘米。尾短。雄鸟：体羽浓棕色，上体具皮黄色大点斑，下体草黄色。头黑色，前领及颈侧斑块猩红色；眼后具金色条纹，脸颊裸皮、喉垂及肉质角橘黄色，喉垂膨胀时呈艳丽的蓝色和红色。雌鸟：体较雄鸟小，下体杂灰色，带白色矛状细纹，外缘黑色。虹膜褐色；嘴灰色；脚粉红。

生活习性 栖息于海拔800~2000米的阔叶混交林中。常成数只的小群活动。主要以植物果实、种子、嫩叶、花为食，也吃昆虫等少量动物性食物。

分布状况 分布在福建、江西、浙江、广东、广西东部、湖南。在九连山属留鸟，分布在虾公塘、黄牛石等海拔800米以上高山的狭窄地带。少见。

保护级别 国家一级重点保护野生动物。

居留期记录

1月 2月 3月 4月 5月 6月 7月 8月 9月 10月 11月 12月

雌鸟
摄影：林剑声

雄鸟
摄影：林剑声

雄鸟（发情）
摄影：李小强

雉科 Phasianidae

47 白鹇
Lophura nycthemera
Silver Pheasant

形态特征 体长75~110厘米。雄鸟：尾长，色白，背白色，头顶黑色，长冠羽黑色，中央尾羽纯白色，背及其余尾羽白色带黑斑和细纹；下体黑色，脸颊裸皮鲜红色。雌鸟：上体橄榄褐色至栗色，下体具褐色细纹或杂白色或皮黄色，具暗色冠羽及红色脸颊裸皮。外侧尾羽黑色、白色或浅栗色。虹膜褐色；嘴黄色；脚鲜红色。

生活习性 栖息于海拔1800米以下的阔叶林中。成对或成数只的小群活动。主要以植物果实、种子、嫩叶、花为食，也吃蚂蚁、甲虫等动物性食物。

分布状况 分布于西南、华南、东南等地区及海南。在九连山属留鸟，各地均有分布。易见。

保护级别 国家二级重点保护野生动物。

居留期记录

1月 2月 3月 4月 5月 6月 7月 8月 9月 10月 11月 12月

雄鸟
摄影：陈志高

雌鸟
摄影：陈志高

雄鸟
摄影：李小强

雉科 Phasianidae

48 勺鸡
Pucrasia macrolopha
Koklass Pheasant

形态特征 体长43～62厘米。尾相对较短。具明显的飘逸形耳羽束。雄鸟：头顶及冠羽近灰色；喉、宽阔的眼线、枕及耳羽束金属绿色；颈侧白色；上背皮黄色；胸栗色；其他部位的体羽为长的白色羽毛上具黑色矛状纹。雌鸟：体型较小，具冠羽但无长的耳羽束；体羽图纹与雄鸟同。虹膜褐色；嘴近褐色；脚紫灰色。

生活习性 栖息于海拔1000～2000米的针阔混交林的灌丛、杂草中。成对或成群活动。主要以植物果实、嫩叶、花为食，也吃少量蜗牛、甲虫等动物性食物。

分布状况 分布于中部和东部地区。在九连山属留鸟。少见。2003年以前有记录，近15年未有发现记录。

保护级别 国家二级重点保护野生动物。

居留期记录

1月	2月	3月	4月	5月	6月	7月	8月	9月	10月	11月	12月

雄鸟
摄影：林剑声

雌鸟
摄影：林剑声

亚成鸟
摄影：陈志高

雌鸟
摄影：林剑声

雉科 Phasianidae

49 环颈雉
Phasianus colchicus
Common Pheasant

形态特征 体长60～90厘米。雄鸟：头部具黑色光泽，有显眼的耳羽簇，宽大的眼周裸皮鲜红色。有些亚种有白色颈圈。身体披金挂彩，满身点缀着发光羽毛，从墨绿色至铜色至金色；两翼灰色，尾长而尖，褐色并带黑色横纹。雌鸟：体较雄性小而色暗淡，周身密布浅褐色斑纹，尾较短。虹膜黄色；嘴角质色；脚略灰色。

生活习性 栖息于低山丘陵、农田、草地、灌丛等地带。成对或成数只的小群活动。杂食性，以植物果实、嫩叶、种子、昆虫及小型无脊椎动物为食。

分布状况 除海南外，见于全国各地。在九连山属留鸟，各地均有分布。易见。

保护级别 "三有"保护野生动物，江西省重点保护野生动物。

居留期记录

| 1月 | 2月 | 3月 | 4月 | 5月 | 6月 | 7月 | 8月 | 9月 | 10月 | 11月 | 12月 |

雄鸟
摄影：陈志高

雉科 Phasianidae

50 白颈长尾雉
Syrmaticus ellioti
Elliot's Pheasant

形态特征 体长45～80厘米。雄鸟：头顶及枕部灰色，脸颊裸皮猩红色，颏、喉黑色，颈侧灰白色，上背及胸栗色，下背及腰黑色具白斑，棕褐色尖长尾羽上具银灰色横斑，腹部及肛周白色。雌鸟：头顶红褐，枕及后颈灰色。上体其余部位杂以栗色、灰色及黑色斑。喉及前颈黑色，下体余部白色上具棕黄色横斑。虹膜黄褐色；嘴黄褐色；脚蓝灰色。

生活习性 栖息于海拔400～1800米的针阔混交林、竹林等森林中。常成数只的成群活动。杂食性，以植物果实、嫩叶、芽、种子、昆虫、无脊椎动物为食。

分布状况 分布于重庆、江西、安徽、浙江、福建、湖南、贵州、广西、广东。在九连山属留鸟。少见。2003年以前有记录，近15年未有发现记录。

保护级别 国家一级重点保护野生动物。

居留期记录

1月 2月 3月 4月 5月 6月 7月 8月 9月 10月 11月 12月

雌鸟
摄影：林剑声

雄鸟
摄影：林剑声

鹤形目

GRUIFORMES

本目除少数种类外，概为涉禽。翅大短圆，颈和脚均较长，胫的下部裸出；前趾一般细长，后趾不发达或完全退化，存在时位置亦较高，趾间无蹼，有的具瓣蹼。栖息于水域附近的沼泽草地或草丛中，主要以小型脊椎动物、昆虫及植物的嫩芽和种子为食。中国有2科29种，九连山有2科12种。

秧鸡科 Rallidae

51 白喉斑秧鸡
Rallina eurizonoides
Slaty-legged Crake

形态特征 体长24～25厘米。头、颈及胸栗色，颏、喉白色，近黑色腹部及尾下具狭窄的白色横纹。虹膜红色；嘴灰绿色；脚灰色。

生活习性 栖息于低山丘陵、平原地带的沼泽、池塘、溪流和耕地中。多在夜间和晨昏活动，单独活动，性胆小，遇到危险迅速逃离。主要以蠕虫、软体动物、昆虫为食。

分布状况 分布于广西、广东、海南、江西、台湾。在九连山属夏候鸟，主要分布在大丘田。少见。

保护级别 "三有"保护野生动物。

居留期记录

| 1月 | 2月 | 3月 | 4月 | 5月 | 6月 | 7月 | 8月 | 9月 | 10月 | 11月 | 12月 |

雄带幼鸟
摄影：付杰

雌带幼鸟
摄影：付杰

秧鸡科 Rallidae

52 普通秧鸡
Rallus indicus
Brown-cheeked Rail

形态特征 体长24～28厘米。嘴较长，上体暗褐色具黑色条纹，头顶褐色，脸灰色，眉纹浅灰色而眼线深灰色。颏白色，颈及胸灰色，两胁具黑白色横斑。亚成鸟翼上覆羽具不明晰的白斑。虹膜红褐色；嘴上嘴暗褐色，下嘴红色；脚肉褐色。

生活习性 栖息于芦苇沼泽、湖泊岸边、池塘和水稻田边等各类湿地中。常单独和成小群在夜间和晨昏活动。主要以虾、螺、水生昆虫为食，也吃植物种子、果实和农作物。

分布状况 国内分布于东北、西北、华北等地区，长江中下游地区及台湾。在九连山属冬候鸟，各地均有分布。少见。

保护级别 "三有"保护野生动物。

居留期记录

| 1月 | 2月 | 3月 | 4月 | 5月 | 6月 | 7月 | 8月 | 9月 | 10月 | 11月 | 12月 |

摄影：陈志高

摄影：陈志高

秧鸡科 Rallidae

53 灰胸秧鸡
Lewinia striata
Slaty-breasted Banded Rail

形态特征 体长22～29厘米。头顶至后颈栗红色，背灰色多具白色细纹，颏、喉白色，胸、颈侧蓝灰色，两翼及尾具白色细纹，两胁及尾下具较粗的黑白色横斑。虹膜红色；上嘴黑色，下嘴淡红色；脚灰色。

生活习性 栖息于芦苇沼泽、湖泊岸边、池塘和水稻田边等各类湿地中。常单独和成家族群活动，多在晨昏活动。主要以虾、螺、水生昆虫、蚂蚁等为食，也吃植物叶、芽和种子。

分布状况 分布于华南、西南、东南等地区及海南、香港、台湾。在九连山属夏候鸟，各地均有分布。少见。

保护级别 "三有"保护野生动物

居留期记录

| 1月 | 2月 | 3月 | 4月 | 5月 | 6月 | 7月 | 8月 | 9月 | 10月 | 11月 | 12月 |

成鸟
摄影：杜卿

秧鸡科 Rallidae

54 斑胁田鸡
Zapornia paykullii
Band-bellied Crake

形态特征 体长22～27厘米。嘴短，腿红色，头顶及上体橄榄褐色，颏、喉白色，头侧及胸栗红色，两胁及尾下近黑色而具白色细横纹。与红胸田鸡区别在翼上具白色横斑。虹膜红色；嘴蓝黑色；脚红色。

生活习性 栖息于疏林沼泽、池塘、溪流、湖泊和水稻田边的草地地中。常单独或成小群在夜间和晨昏活动。主要以昆虫、蜗牛为食，也吃植物种子和果实。

分布状况 分布于东北、华北、西南等地区，长江中下游等地区，及东南沿海地区。在九连山属旅鸟，各地均有分布。少见。

保护级别 "三有"保护野生动物。

居留期记录

1月 2月 3月 **4月** **5月** 6月 7月 8月 **9月** **10月** 11月 12月

摄影：刘英春

秧鸡科 Rallidae

55 红胸田鸡
Zapornia fusca
Ruddy-breasted Crake

形态特征 体长19~23厘米。后顶及上体纯褐色，头侧、胸和上腹红栗色，颏、喉白色，腹部及尾下近黑色并具白色细横纹。虹膜红色；嘴绿黑色；脚红色。

生活习性 栖息于芦苇沼泽、湖泊岸边、池塘和水稻田边等各类湿地中。常单独在夜间和晨昏活动。主要以水生昆虫、软体动物和水生植物种子、叶、芽为食。

分布状况 分布于西南、华东、华中、华南等地区及香港、台湾。在九连山属夏候鸟，各地均有分布。易见。

保护级别 "三有"保护野生动物。

居留期记录

1月 2月 3月 4月 5月 6月 7月 8月 9月 10月 11月 12月

摄影：陈志高

摄影：陈志高

摄影：陈志高

摄影：陈志高

秧鸡科 Rallidae

56 红脚田鸡
Zapornia akool
Brown Crake

形态特征 体长26～35厘米。头顶、上颈和上体橄榄褐色、颊、颈侧及胸灰色，喉白色，腹部及尾下覆羽褐色。虹膜红色；嘴橄榄绿色；脚暗红色。

生活习性 栖息于芦苇沼泽、湖泊岸边、池塘和水稻田边等各类湿地中。常单独在夜间和晨昏活动。主要以昆虫、软体动物为食。

分布状况 国内分布于华中、华南、东南等地区及西南的部分地区。在九连山属留鸟，各地均有分布。易见。

保护级别 "三有"保护野生动物。

居留期记录
| 1月 | 2月 | 3月 | 4月 | 5月 | 6月 | 7月 | 8月 | 9月 | 10月 | 11月 | 12月 |

摄影：陈志高

秧鸡科 Rallidae

57 白胸苦恶鸟
Amaurornis phoenicurus
White-breasted Waterhen

形态特征 体长26～35厘米。头顶及上体石板灰色，脸、额、喉、胸及上腹部白色，下腹及尾下覆羽栗红色。虹膜红色；嘴淡黄绿色，上嘴基红色；脚黄绿色。

生活习性 栖息于沼泽、溪流、池塘和水稻田等沼泽地带。多单独或成对在夜间和晨昏活动。主要以昆虫、蜗牛、蜘蛛等动物性食物为食，也吃植物种子、花、芽。

分布状况 分布于华中、华南、西南、东南等地区及香港、海南、台湾。在九连山属留鸟，各地均有分布。易见。

保护级别 "三有"保护野生动物。

居留期记录

| 1月 | 2月 | 3月 | 4月 | 5月 | 6月 | 7月 | 8月 | 9月 | 10月 | 11月 | 12月 |

摄影：陈志高

幼鸟
摄影：陈志高

雄鸟
摄影：王大勇

秧鸡科 Rallidae

58 董鸡
Gallicrex cinerea
Watercock

形态特征 体长31～53厘米。雄鸟：繁殖期体羽黑色，具红色的尖形角状额甲。雌鸟：无额甲，上体褐色，具显著皮黄色羽缘，下体土黄色，具细密黑色横纹。雄鸟与雌鸟的冬羽相似。虹膜褐色；嘴黄绿色；脚绿褐色。

生活习性 栖息于芦苇沼泽、池塘和水稻田边的草丛中。常单独或成对活动。主要以水生昆虫、螺、虾以及植物嫩叶和谷类为食。

分布状况 分布于华北、华东、华中、华南、西南等地区和海南、台湾。在九连山属夏候鸟，各地均有分布。少见。

保护级别 "三有"保护野生动物。

居留期记录
1月 2月 3月 4月 5月 6月 7月 8月 9月 10月 11月 12月

雌鸟
摄影：王大勇

亚成鸟
摄影：陈志高

亚成鸟
摄影：陈志高

秧鸡科 Rallidae

59 黑水鸡
Gallinula chloropus
Common Moorhen

形态特征 体长24～35厘米。通体黑色，额甲亮红色，两肋有白色细纹连成的线条，尾下有两块白斑，尾上翘时此白斑尽显。虹膜红色；嘴黄绿色，嘴基红色；脚绿色。

生活习性 栖息于芦苇沼泽、池塘和水稻田边的草丛中。常成对或成小群活动。主要以水生昆虫、植物嫩叶、芽和根茎为食。

分布状况 分布于全国各地。在九连山属留鸟，各地均有分布。易见。

保护级别 "三有"保护野生动物。

居留期记录

1月 2月 3月 4月 5月 6月 7月 8月 9月 10月 11月 12月

成鸟
摄影：陈志高

秧鸡科 Rallidae

60 白骨顶
Fulica atra
Common Coot

形态特征 体长35～43厘米。雌雄相似，通体黑色，具显眼的白色嘴及额甲。飞行时可见翼上狭窄近白色后缘。虹膜红褐色；嘴白色；脚绿色。

生活习性 栖息于低山丘陵、平原草地甚至半荒漠地带的各类水域中。常成对或成小群活动。除繁殖期外，多成群活动。主要以小鱼、虾、水生昆虫为食，也吃植物嫩叶、芽和种子。

分布状况 分布于全国各地。在九连山属冬候鸟，各地均有分布。少见。

保护级别 "三有"保护野生动物。

居留期记录
1月 2月 3月 4月 5月 6月 7月 8月 9月 10月 11月 12月

摄影：杜卿

摄影：陈志高

摄影：杜卿

鸻形目

CHARADRIIFORMES

本目为中、小型涉禽。嘴型多样，翅狭长而尖，胫和脚均较长，胫的下部裸出。后趾小或退化，位置亦较高。栖息于沿海或内陆湖泊、沼泽等水域。主要以小鱼、昆虫或其他水生动物为食，也吃植物性食物。中国有13科135种，九连山有4科11种。

鸻科 Charadriidae

61 凤头麦鸡
Vanellus vanellus
Northern Lapwing

形态特征 体长28～31厘米。具长窄的黑色反翻型凤头。夏羽：上体具绿黑色金属光泽；尾白而具宽的黑色次端带；头顶、喉、耳羽及胸黑色，头侧及喉部污白色；腹部白色。冬羽：喉白色，头侧为棕褐色，其余似夏羽。幼鸟似成鸟冬羽，但羽冠较短，上体具皮黄色羽缘。虹膜褐色；嘴黑色；腿及脚橙褐色。

生活习性 栖息于低山丘陵和平原地带的湖泊、沼泽、耕地、稻田及矮草地。多成群活动。主要以昆虫为食，也吃小型无脊椎动物和杂草种子及植物嫩叶。

分布状况 分布于全国各地。在九连山属冬候鸟，各地均有分布。少见。

保护级别 "三有"保护野生动物，江西省重点保护野生动物。

居留期记录

1月 2月 3月 4月 5月 6月 7月 8月 9月 10月 11月 12月

冬羽
摄影：林剑声

夏羽
摄影：陈志高

夏羽
摄影：林剑声

冬羽
摄影：杜卿

鸻科 Charadriidae

62 东方鸻
Charadrius veredus
Oriental Plover

形态特征 体长22～26厘米。夏羽：头顶、背褐色，颏、喉白色，前颈棕色，胸棕栗色，其下沿具黑色环带。冬羽：头侧和胸淡褐色，黑色胸带消失，上体具皮黄色羽缘，其余似夏羽。幼鸟似成鸟冬羽，但胸带为皮黄色而杂有黑褐色。虹膜暗褐色；嘴黑色；脚黄色至偏粉色。

生活习性 栖息于多草地区，河流两岸及沼泽地带。多单独或成小群活动，迁徙时和冬季亦常成大群。主要以昆虫为食。

分布状况 除宁夏、西藏、云南外，见于全国各地。在九连山属旅鸟，各地均有分布。少见。

保护级别 "三有"保护野生动物。

居留期记录

1月 2月 3月 **4月** **5月** 6月 7月 8月 **9月** **10月** 11月 12月

冬羽
摄影：陈志高

鹬科 Scolopacidae

63 白腰草鹬
Tringa ochropus
Green Sandpiper

形态特征 体长20～24厘米。夏羽：前颈、胸和上胁有灰棕色纵纹，上体绿褐色杂白点；两翼及下背几乎全黑；腹部、臀及尾白色，尾端部具黑色横斑。飞行时黑色的下翼、白色的腰部以及尾部的横斑极显著。冬羽：颜色较灰，喉及胸纵纹为淡褐色。虹膜褐色；嘴暗橄榄色，嘴端黑色；脚橄榄绿色。

生活习性 栖息于淡水湖泊、河流、水塘、农田和沼泽地带。多单独或成对活动，主要以昆虫、虾、蜘蛛等小型无脊椎动物为食，偶尔也吃小鱼及植物性食物。

分布状况 分布于全国各地。在九连山属冬候鸟，各地均有分布。少见。

保护级别 "三有"保护野生动物。

居留期记录
1月 2月 3月 4月 5月 6月 7月 8月 9月 10月 11月 12月

冬羽
摄影：陈志高

冬羽
摄影：陈志高

鹬科 Scolopacidae

64 林鹬
Tringa glareola
Wood Sandpiper

形态特征　体长19～23厘米。体纤细，褐灰色，腹部及臀偏白色，腰白色。上体灰褐色而极具斑点；眉纹长，白色；尾白色而具褐色横斑。飞行时尾部的横斑、白色的腰部及下翼以及翼上无横纹为其特征。虹膜褐色；嘴黑色，基部灰绿色；脚淡黄色至橄榄绿色。

生活习性　栖息于各种湖泊、水库、水塘、农田和沼泽地带。常单独或成小群活动，主要以昆虫、虾、蜘蛛等小型无脊椎动物为食，偶尔也吃少量植物种子。

分布状况　分布于全国各地。在九连山属冬候鸟，部分为旅鸟，各地均有分布。少见。

保护级别　"三有"保护野生动物。

居留期记录
1月 2月 3月 4月 5月 6月 7月 8月 9月 10月 11月 12月

夏羽
摄影：陈志高

冬羽
摄影：陈志高

鹬科 Scolopacidae

65 矶鹬
Actitis hypoleucos
Common Sandpiper

夏羽
摄影：陈志高

形态特征 体长16～21厘米。嘴短，翼不及尾。上体褐色，飞羽近黑色；下体白色，上胸具褐灰色纵纹，肩部有一明显的白色狭窄条带。飞行时翼上具白色横纹，腰无白色，外侧尾羽无白色横斑。翼下具黑色及白色横纹。虹膜褐色；嘴黑褐色，下嘴基淡绿褐色；脚浅橄榄绿色。

生活习性 栖息于低山丘陵和平原地带江河沿岸、湖泊、水库、农田和沼泽等各种湿地。多单独或成对活动，主要以鞘翅目、直翅目昆虫为食，也吃螺、蠕虫、小鱼、蝌蚪等其他动物性食物。

分布状况 分布于全国各地。在九连山属冬候鸟，部分为旅鸟，各地均有分布。少见。

保护级别 "三有"保护野生动物，江西省重点保护野生动物。

居留期记录

| 1月 | 2月 | 3月 | 4月 | 5月 | 6月 | 7月 | 8月 | 9月 | 10月 | 11月 | 12月 |

夏羽
摄影：陈志高

冬羽
摄影：陈志高

鹬科 Scolopacidae

66 针尾沙锥
Gallinago stenura
Pintail Snipe

形态特征 体长21～28厘米。体敦实，腿短。两翼圆，嘴和尾相对短。头部暗灰棕色，冠顶纹、眉纹棕白色，上体棕色，具黑色斑纹和棕白色羽缘，背部具两条棕白色纵线；下体白色，胸沾赤褐色且多具黑色细斑；眼线于眼前细窄，于眼后难辨。与扇尾沙锥区别在翼无白色后缘，翼下无白色宽横纹。虹膜褐色；嘴角黄色，嘴端褐色；脚黄绿色。

生活习性 繁殖期主要栖息于山地森林和森林冻原地带的沼泽湿地，非繁殖期主要栖息于低山丘陵和平原地带的沼泽湿地中。常单独或成松散小群活动，主要以昆虫、甲壳和软体动物等小型无脊椎动物为食。

分布状况 为整个中国境内的过境迁徙鸟。越冬群体见于台湾、海南、福建、广东、香港。在九连山属旅鸟，各地均有分布。少见。

保护级别 "三有"保护野生动物。

居留期记录

1月 2月 3月 **4月** **5月** 6月 7月 8月 **9月** **10月** 11月 12月

摄影：袁屏

鹬科 Scolopacidae

67 扇尾沙锥
Gallinago gallinago
Common Snipe

形态特征 体长24～30厘米。两翼细而尖，嘴长；脸皮黄色，眼部上下条纹及贯眼纹色深；上体深褐，具白及黑色的细纹及鳞斑；下体淡皮黄色具褐色纵纹。次级飞羽具白色宽后缘，翼下具白色宽横纹。皮黄色眉线与浅色脸颊成对比。肩羽边缘浅色，比内缘宽。肩部线条较居中线条为浅。虹膜褐色；嘴褐色；脚橄榄色。

生活习性 繁殖期主要栖息于冻原和开阔平原的湿地中，非繁殖期主要栖息于稻田、鱼塘、沼泽等地带。常单独或成小群活动，主要以昆虫、甲壳和软体动物等小型无脊椎动物为食，偶尔也吃小鱼和杂草种子。

分布状况 繁殖于东北地区及西北地区的天山地区。迁徙及越冬期间见于全国各地。在九连山属冬候鸟，部分为旅鸟，各地均有分布。少见。

保护级别 "三有"保护野生动物，江西省重点保护野生动物。

居留期记录

1月 2月 3月 4月 5月 6月 7月 8月 9月 10月 11月 12月

摄影：陈忠高

摄影：陈志高

摄影：林剑声

鹬科 Scolopacidae

68 丘鹬
Scolopax rusticola
Eurasian Woodcock

形态特征 体长33～35厘米。体肥胖，腿短，嘴长且直。头顶及颈背具宽的黑色和窄的浅黄色斑纹，前额浅黄色。上体红棕色，背、翼上覆羽具黑灰色复杂图案。下体暗黄褐色，密布褐色横斑。虹膜褐色；嘴基部蜡黄色，端黑色；脚粉灰色。

生活习性 栖息于落叶层较厚的阔叶林和混交林及林间沼泽、湿草地和林缘灌丛地带。夜行性。主要以昆虫、蚯蚓、蜗牛等小型无脊椎动物为食，有时也吃植物根、浆果和种子。

分布状况 分布于全国各地。在九连山属冬候鸟，各地均有分布。少见。

保护级别 "三有"保护野生动物。

居留期记录

| 1月 | 2月 | 3月 | 4月 | 5月 | 6月 | 7月 | 8月 | 9月 | 10月 | 11月 | 12月 |

摄影：杜卿

彩鹬科 Rostratulidae

69 彩鹬
Rostratula benghalensis
Greater Painted Snipe

形态特征 体长23～28厘米。雌鸟：头及胸深栗色，眼周白色，顶纹黄色；背及两翼偏绿色，背上具白色的"V"形纹并有白色条带绕肩至白色的下体。雄鸟：体型较雌鸟小而色暗，多具杂斑而少皮黄色，翼覆羽具金色点斑，眼斑黄色。虹膜褐色；嘴黄褐色或红褐色；脚灰绿色。

生活习性 栖息于平原、丘陵和山地等富有挺水植物的各类湿地中。性隐蔽，多单独活动。主要以昆虫、软体动物等各种小型无脊椎动物和水生植物及谷物为食。

分布状况 除黑龙江、宁夏、新疆外，见于全国各地。在九连山属留鸟，各地均有分布。少见。

保护级别 "三有"保护野生动物，江西省重点保护野生动物。

居留期记录

1月 2月 3月 4月 5月 6月 7月 8月 9月 10月 11月 12月

雄鸟
摄影：陈志高

雄（左）雌（右）
摄影：陈志高

三趾鹑科 Turnicidae

70 黄脚三趾鹑
Turnix tanki
Yellow-legged Buttonquail

形态特征 体长12～18厘米。雄鸟：上体黑褐色，具淡黄色和栗色斑纹，胸两侧具明显的黑色点斑。飞行时翼覆羽淡皮黄色，与深褐色飞羽呈对比。雌鸟：枕及背部较雄鸟多栗色。虹膜黄白色；嘴黄色；脚黄色。

生活习性 栖息于低山、丘陵、平原、农田及耕地的灌草中。多单独或成对活动，性胆小而机警，善于藏匿。主要以草籽、浆果、谷类和植物嫩芽为食，也吃昆虫和其他小型无脊椎动物。

分布状况 繁殖于东北、华北等地区，越冬于西南、华南、东南等地区及香港、海南。在九连山属留鸟，各地均有分布。少见。

保护级别 未列入。

居留期记录

1月 2月 3月 4月 5月 6月 7月 8月 9月 10月 11月 12月

摄影：卢群

摄影：黎伟健

三趾鹑科 Turnicidae

71 棕三趾鹑
Turnix suscitator
Barred Buttonquail

形态特征 体长15～17厘米。雄鸟：头顶多褐色，脸颊具褐色及白色纹，胸及两胁具黑色横纹。雌鸟：体略大，颏及喉黑色，顶近黑色，头部灰白色斑驳。虹膜棕色；嘴蓝灰色；脚青灰色。

生活习性 栖息于低山丘陵和山脚平原的灌草中。多单独或成对活动，性胆小而机警，善于藏匿。主要以草籽、浆果、谷类和植物嫩芽为食，也吃昆虫和其他小型无脊椎动物。

分布状况 分布于西南、华南、东南等地区及香港、海南。在九连山属留鸟，各地均有分布。少见。

保护级别 未列入。

居留期记录
1月 2月 3月 4月 5月 6月 7月 8月 9月 10月 11月 12月

摄影：卢群

摄影：陈志高

摄影：陈俊兴

鸽形目

COLUMBIFORMES

本目为陆禽，外形似家鸽。嘴、颈和脚均较短，胫全被羽。3趾在前1趾在后，均等长。擅行走和飞行。多生活于森林或荒漠地带，主要以植物的果实、种子等为食，也吃少量的昆虫等动物性食物。中国有1科31种，九连山有1科6种。

鸠鸽科 Columbidae

72 斑尾鹃鸠
Macropygia unchall
Barred Cuckoo Dove

形态特征 体长37～41厘米。雄鸟：头灰色，颈背呈亮蓝绿色；背及尾满布黑色或褐色横斑，胸具粉红色金属光泽，腹部淡黄色。雌鸟：颈背无亮蓝绿色，背上横斑较密，尾部有横斑。虹膜黄色或浅褐色；嘴黑色；脚红色。

生活习性 栖息于山地森林中，冬季也出现于平原地带的耕地和农田中。通常成对活动，偶尔单只。主要以榕树果实和其他植物果实、种子、草籽为食。

分布状况 分布于西南、华南等地区及海南。在九连山属留鸟，各地均有分布。少见。

保护级别 "三有"保护野生动物，江西省重点保护野生动物。

居留期记录

| 1月 | 2月 | 3月 | 4月 | 5月 | 6月 | 7月 | 8月 | 9月 | 10月 | 11月 | 12月 |

摄影：林剑声

鸠鸽科 Columbidae

73 山斑鸠
Streptopelia orientalis
Oriental Turtle Dove

形态特征 体长32～35厘米。头部灰褐色，颈两侧各有一块带明显黑白色条纹的块状斑。上体黑色，具棕色扇贝斑纹羽缘，腰灰色，尾羽褐色，尾梢浅灰色。下体粉灰色。虹膜黄色；嘴灰色；脚紫红色。

生活习性 栖息于低山丘陵、山地森林、开阔农耕区、村庄及房前屋后的疏林中。常成小群活动。主要以植物的果实、种子、草籽为食，有时也吃鳞翅目幼虫、甲虫等昆虫。

分布状况 分布于全国各地。在九连山属留鸟，各地均有分布。易见。

保护级别 "三有"保护野生动物，江西省重点保护野生动物。

居留期记录

1月 2月 3月 4月 5月 6月 7月 8月 9月 10月 11月 12月

摄影：陈志高

摄影：林剑声

雌鸟
摄影：陈志高

鸠鸽科 Columbidae

74 火斑鸠
Streptopelia tranquebarica
Red Turtle Dove

形态特征 体长20～23厘米。雄鸟：头部蓝灰色，颈后有条黑色领环，全身大致为红褐色，飞羽黑褐色，青灰色的尾羽羽缘及外侧尾端白色。雌鸟：上体灰褐色，下体较浅。虹膜褐色；嘴灰色；脚红褐色。

生活习性 栖息于开阔的平原、田野、村庄、果园、丘陵和林缘等地带。常成对或成群活动。主要以浆果、果实和种子为食，也吃昆虫等动物性食物。

分布状况 除新疆外，见于全国各地。在九连山属留鸟，各地均有分布。少见。

保护级别 未列入。

居留期记录
1月 2月 3月 4月 5月 6月 7月 8月 9月 10月 11月 12月

雄鸟
摄影：林剑声

鸠鸽科 Columbidae

75 珠颈斑鸠
Streptopelia chinensis
Spotted Dove

形态特征 体长27～34厘米。头为蓝灰色，颈侧有满是白点的黑色块斑。上体褐色，下体粉红色。虹膜橘黄色；嘴黑色；脚紫红色。

生活习性 栖息于开阔的平原、草地、村庄、果园、低山丘陵和农田地带的疏林中。常成小群活动。主要以玉米、稻谷、小麦等农作物为食，也吃蜗牛、昆虫等动物性食物。

分布状况 分布于华中、西南、华南、华东等地区及海南、台湾。在九连山属留鸟，各地均有分布。易见。

保护级别 "三有"保护野生动物，江西省重点保护野生动物。

居留期记录
1月 2月 3月 4月 5月 6月 7月 8月 9月 10月 11月 12月

摄影：陈志高

摄影：陈志高

鸠鸽科 Columbidae

76 绿翅金鸠
Chalcophaps indica
Emerald Dove

形态特征 体长23～27厘米。尾甚短。雄鸟：头顶灰色，额白色，飞羽和尾黑褐色，两翼为亮绿色，腰有灰色横带，下体粉红色。雌鸟：头顶无灰色。虹膜褐色；嘴红色；脚红色。

生活习性 栖息于热带和亚热带雨林中。常单独或成对活动于森林下层植被茂密处。主要以植物果实、种子和草籽为食。

分布状况 分布于华南的热带区，见于云南南部、广西、海南、广东、台湾南部及西藏东南部。在九连山属留鸟，各地均有分布。少见。

保护级别 "三有"保护野生动物，江西省重点保护野生动物。

居留期记录
1月 2月 3月 4月 5月 6月 7月 8月 9月 10月 11月 12月

雌鸟
摄影：杜卿

雄鸟
摄影：杜卿

鸠鸽科 Columbidae

77 红翅绿鸠
Treron sieboldii
White-bellied Green Pigeon

形态特征 体长21～33厘米。雄鸟：翼覆羽绛紫色，上背偏灰色，头顶橘黄色，腹部近白色，腹部两侧及尾下覆羽具灰斑。雌鸟：以绿色为主，眼周裸皮偏蓝色。虹膜红色；嘴偏蓝色；脚红色。

生活习性 栖息于海拔2000米以下的山地针叶林和针阔混交林中，有时也出现于林缘耕地。常单独或成小群活动。主要以山樱桃、草莓等浆果为食，也吃其他植物果实和种子。

分布状况 分布于华中、华南等地区，含香港、海南、台湾。在九连山属留鸟，各地均有分布。少见。

保护级别 国家二级重点保护野生动物。

居留期记录

| 1月 | 2月 | 3月 | 4月 | 5月 | 6月 | 7月 | 8月 | 9月 | 10月 | 11月 | 12月 |

雌鸟
摄影：韦铭

鹃形目

CUCULIFORMES

中小型鸟类，体型瘦长。嘴长度适中，先端尖而微曲，不具钩。翅形尖长或短圆。尾较长，尾形多为凸尾或圆尾。脚短弱，具4趾，外趾能反转，呈对趾型。雌雄羽色相似，一些种类以巢寄生，它们产卵于其他鸟的巢中，靠其他鸟代为孵卵育雏。主要栖息于森林中，以昆虫为食。中国有1科20种，九连山有1科11种。

杜鹃科 Cuculidae

78 红翅凤头鹃
Clamator coromandus
Chestnut-winged Cuckoo

形态特征 体长38～46厘米。上体黑色，头部具显眼的黑色直立凤头。背及尾黑色而带蓝色光泽，翼栗色，喉及胸橙褐色，后颈圈白色，腹部近白色。亚成鸟：上体具棕色鳞状纹，喉及胸偏白色。虹膜红褐色；嘴黑色；脚褐色。

生活习性 主要栖息于低山丘陵和山麓平原等开阔地带的疏林和灌木林中，多单独或成对活动，主要以白蚁、甲虫等昆虫为食，有时也吃植物果实。

分布状况 分布于华东、华中、西南、华南、东南等地区及台湾、海南。在九连山属夏候鸟，各地均有分布。易见。

保护级别 "三有"保护野生动物，江西省重点保护野生动物。

居留期记录

1月	2月	3月	4月	5月	6月	7月	8月	9月	10月	11月	12月

摄影：陈志高

摄影：陈志高

杜鹃科 Cuculidae

79 大鹰鹃
Hierococcyx sparverioides
Large Hawk Cuckoo

形态特征 体长35～42厘米。头、后颈灰色；上体灰褐色，为具4条暗褐色横斑，尾端白色；下体白色，胸棕色，具白色及灰色斑纹；腹部具白色及褐色横斑。亚成鸟：上体褐色带棕色横斑；下体皮黄色而具近黑色纵纹。虹膜橘黄色；上嘴黑色，下嘴黄绿色；脚浅黄色。

生活习性 主要栖息于山地森林中，常单独活动，隐藏于树冠鸣叫。主要以昆虫为食，尤喜吃鳞翅目幼虫和鞘翅目昆虫。

分布状况 指名亚种分布于西藏南部，华中、华东、东南、西南等地区及海南岛、台湾。在九连山属夏候鸟，各地均有分布。易见。

保护级别 "三有"保护野生动物，江西省重点保护野生动物。

居留期记录

| 1月 | 2月 | 3月 | 4月 | 5月 | 6月 | 7月 | 8月 | 9月 | 10月 | 11月 | 12月 |

摄影：游洲

亚成鸟
摄影：陈志高

摄影：杜卿

杜鹃科 Cuculidae

80 四声杜鹃
Cuculus micropterus
Indian Cuckoo

形态特征 体长30～33厘米。雄鸟：头、颈深灰色，背淡褐色；喉和上胸浅灰色，下体近白色，具黑色粗横斑。雌鸟：喉灰褐色，胸棕色，其余似雄鸟。虹膜红褐色；眼圈黄色；嘴黑色，下嘴偏绿色；脚黄色。

生活习性 栖息于山地和平原森林中，尤喜在阔叶林、混交林和林缘疏林地带活动，单独或成对活动，主要以昆虫为食，有时也吃植物种子。

分布状况 分布于东北、西南、东南等地区及海南。在九连山属夏候鸟，各地均有分布。少见。

保护级别 "三有"保护野生动物，江西省重点保护野生动物。

居留期记录
1月 2月 3月 4月 5月 6月 7月 8月 9月 10月 11月 12月

摄影：杜卿

杜鹃科 Cuculidae

81 大杜鹃
Cuculus canorus
Common Cuckoo

形态特征 体长28～37厘米。上体灰色，尾偏黑色，腹部近白色而具黑色横斑。"棕红色"变异型雌鸟为棕色，背部具黑色横斑；与四声杜鹃区别在于虹膜黄色，尾上无次端斑；与雌中杜鹃区别在腰无横斑。幼鸟枕部有白色块斑。虹膜及眼圈黄色；嘴上为深色，下为黄色；脚黄色。

生活习性 主要栖息于山地、丘陵和平原地带的森林中，性孤僻，喜欢单独活动，主要以昆虫为食。

分布状况 夏季繁殖于全国大部分地区。在九连山属夏候鸟，各地均有分布。少见。

保护级别 "三有"保护野生动物，江西省重点保护野生动物。

居留期记录
1月 2月 3月 4月 5月 6月 7月 8月 9月 10月 11月 12月

摄影：杜卿

摄影：杜卿

摄影：杜卿

杜鹃科 Cuculidae

82 中杜鹃
Cuculus saturatus
Himalayan Cuckoo

形态特征 体长26～29厘米。雄鸟：胸及上体灰色，尾纯黑灰色而无斑，端部白色；下体皮黄色具黑色粗横斑。亚成鸟及"棕色型"雌鸟：上体棕褐色且密布黑色横斑，近白色的下体具黑色横斑直至颏部。与大杜鹃区别在于胸部横斑较粗较宽。棕红色型雌鸟与大杜鹃雌鸟区别在腰部具横斑。虹膜红褐色；眼圈黄色；嘴角质色；脚橘黄色。

生活习性 栖息于山地针叶林和混交林中，多单独活动，主要以昆虫为食，尤其喜欢吃鳞翅目幼虫和鞘翅目昆虫。

分布状况 繁殖于西北、东北、华中、华东、西南、华南等地区及台湾、海南。在九连山属夏候鸟，各地均有分布。少见。

保护级别 "三有"保护野生动物，江西省重点保护野生动物。

居留期记录
1月 2月 3月 4月 5月 6月 7月 8月 9月 10月 11月 12月

摄影：陈志高

杜鹃科 Cuculidae

83 小杜鹃
Cuculus poliocephalus
Lesser Cuckoo

形态特征 体长24～26厘米。上体灰色，头、颈及上胸浅灰色。下胸及下体余部白色并具清晰的黑色横斑，臀部沾皮黄色。尾灰色，无横斑但端具白色窄边。雌鸟似雄鸟但也具棕红色变型，全身具黑色条纹。似大杜鹃但体型较小。虹膜褐色；嘴黄色，端黑色；脚黄色。

生活习性 栖息于低山丘陵河谷阔叶林和次生林及林缘地带，性孤僻，喜欢单独活动，主要以昆虫为食。

分布状况 繁殖于西藏南部、东北、华北、华中、西南、华南等地区及海南、台湾。在九连山属夏候鸟，各地均有分布。少见。

保护级别 "三有"保护野生动物，江西省重点保护野生动物。

居留期记录

| 1月 | 2月 | 3月 | 4月 | 5月 | 6月 | 7月 | 8月 | 9月 | 10月 | 11月 | 12月 |

摄影：陈志高   摄影：陈志高

雌鸟
摄影：付杰

杜鹃科 Cuculidae

84 八声杜鹃
Cacomantis merulinus
Plaintive Cuckoo

形态特征 体长21～25厘米。雄鸟：头、颈和上胸灰色，背及尾暗灰色，胸腹橙褐色。雌鸟：上体褐色，具栗色横斑，颏、喉、胸淡棕栗色，其余下体近白色，具细黑横斑。亚成鸟：上体褐色而具黑色横斑，下体偏白色而多横斑。虹膜红褐色；嘴褐色，夏季下嘴基黄色；脚黄色。

生活习性 喜开阔林地、次生林及农耕区，包括城镇村庄。常单独或成对活动。主要以昆虫为食，尤喜毛虫和鳞翅目幼虫。

分布状况 繁殖于西藏东南部、四川南部、云南、广西、广东、福建，在海南为留鸟。在九连山属夏候鸟，各地均有分布。少见。

保护级别 "三有"保护野生动物，江西省重点保护野生动物。

居留期记录
1月 2月 3月 4月 5月 6月 7月 8月 9月 10月 11月 12月

雄鸟
摄影：陈志高

杜鹃科 Cuculidae

85 乌鹃
Surniculus lugubris
Drongo Cuckoo

形态特征 体长23～25厘米。全身体羽亮黑色，仅腿白色，尾下覆羽及外侧尾羽腹面具白色横斑，前胸隐见白色斑块。幼鸟具不规则的白色点斑。尾羽开如卷尾。雄鸟：虹膜褐色，雌鸟黄色；嘴黑色；脚蓝灰色。

生活习性 栖于山地和平原茂密的森林中，也出现于林缘及次生灌丛。多单独或成对活动。主要以昆虫为食。偶尔也吃植物果实和种子。

分布状况 分布于西藏东南部、四川南部、云南、贵州、广西、广东、福建、海南。在九连山属夏候鸟，各地均有分布。少见。

保护级别 "三有"保护野生动物，江西省重点保护野生动物。

居留期记录
1月 2月 3月 **4月 5月 6月 7月 8月 9月 10月** 11月 12月

摄影：陈志高

摄影：付杰

杜鹃科 Cuculidae

86 噪鹃
Eudynamys scolopaceus
Common Koel

形态特征 体长39～46厘米。雄鸟：全身黑色，具蓝色光泽。雌鸟：全身灰褐色，杂有白色斑点，尾上下布满白色横斑。虹膜红色；嘴浅绿色；脚蓝灰色。

生活习性 栖息于山地、丘陵和平原地带茂密林中，也常出现在村庄和耕地附近的高大树上。多单独活动。主要以植物果实、种子为食，也吃蚂蚱、甲虫等昆虫。

分布状况 分布于西南、华南、东南等地区及海南、台湾。在九连山属夏候鸟，各地均有分布。易见。

保护级别 "三有"保护野生动物，江西省重点保护野生动物。

居留期记录
1月 2月 3月 4月 5月 6月 7月 8月 9月 10月 11月 12月

雌鸟
摄影：杜卿

雄鸟
摄影：陈志高

雄鸟
摄影：陈志高

杜鹃科 Cuculidae

87 褐翅鸦鹃
Centropus sinensis
Greater Coucal

形态特征 体长47～52厘米。尾长。体羽全黑，带紫蓝色光泽，仅上背、翼及翼覆羽为纯栗红色。虹膜赤红色；嘴黑色；脚黑色。

生活习性 主要栖息于低山丘陵和平原地区的林缘灌丛、稀树草坡和芦苇丛中。常单独或成对在地面活动，也在小灌丛及树间跳动。主要以毛虫、蝗虫、甲虫等昆虫为食。

分布状况 分布于云南、贵州、广西、广东、江西、浙江、福建、海南。在九连山属留鸟，各地均有分布。易见。

保护级别 国家二级重点保护野生动物。

居留期记录

1月 2月 3月 4月 5月 6月 7月 8月 9月 10月 11月 12月

成鸟
摄影：陈志高

幼鸟
摄影：陈志高

摄影：陈志高

摄影：陈志高

摄影：陈志高

杜鹃科 Cuculidae

88 小鸦鹃
Centropus bengalensis
Lesser Coucal

形态特征 体长34～42厘米。尾长，似褐翅鸦鹃但体型较小，色彩暗淡，色泽显污浊；上背及两翼的栗色较浅且现黑色。亚成鸟具褐色条纹。中间色型的体羽常见。虹膜红褐色；嘴黑色；脚黑色。

生活习性 栖息于低山丘陵灌木丛、沼泽地带及开阔的草地。常单独或成对活动。主要以蝗虫、白蚁等昆虫为食，也吃少量植物果实和种子。

分布状况 分布于华东、华南等地区及长江中下游地区、台湾、海南。在九连山属留鸟，各地均有分布。易见。

保护级别 国家二级重点保护野生动物。

居留期记录

| 1月 | 2月 | 3月 | 4月 | 5月 | 6月 | 7月 | 8月 | 9月 | 10月 | 11月 | 12月 |

摄影：陈志高

鸮形目

S T R I G I F O R M E S

本目为猛禽，均为夜行性鸟类，因其头部似猫，故俗称"猫头鹰"。喙和爪都弯曲呈钩状，锐利。两眼生在前方，四周羽毛成放射状，形成所谓"面盘"。主要栖息于森林中，以鼠类、昆虫、小鸟等为食。中国有2科32种，九连山有2科11种。

摄影：李小强

草鸮科 Tytonidae

89 草鸮
Tyto longimembris
Eastern Grass Owl

形态特征 体长36～45厘米。面盘心形，棕辉色。上体深褐色，全身多具点斑。下体黄白色，胸及两肋具暗褐色细斑点。虹膜褐色；嘴米黄色；脚黑褐色。

生活习性 栖于开阔的高草地，于黄昏及夜间活动。主要以鼠类和小型哺乳动物为食。

分布状况 分布于云南、贵州、广西、广东、江西、福建，安徽、香港、台湾。在九连山属留鸟，各地均有分布。少见。

保护级别 国家二级重点保护野生动物。

居留期记录

| 1月 | 2月 | 3月 | 4月 | 5月 | 6月 | 7月 | 8月 | 9月 | 10月 | 11月 | 12月 |

摄影：李小强

摄影：杜卿

鸱鸮科 Strigidae

90 雕鸮
Bubo bubo
Eurasian Eagle-owl

形态特征 体长66～75厘米。耳羽长而显著，全身体羽大致黄褐色，具黑色斑点和纵纹。喉白色，胸及胁具黑色条纹。腹部具细小黑色横斑。虹膜橙黄色；嘴灰色；脚黄色。

生活习性 栖息于山地森林、平原、荒野、林缘灌丛和峭壁等各类生境。夜行性，主要以鼠类为食，也吃兔类、蛙、昆虫和鸟类。

分布状况 分布于全国各地。在九连山属留鸟，各地均有分布。少见。

保护级别 国家二级重点保护野生动物。

居留期记录
1月 2月 3月 4月 5月 6月 7月 8月 9月 10月 11月 12月

摄影：杜卿

鸱鸮科 Strigidae

91 领鸺鹠
Glaucidium brodiei
Collared Owlet

形态特征 体长14～16厘米。头顶灰色，具白色或皮黄色的小型"眼状斑"；无耳羽簇。颈圈浅色，喉白色而满具褐色横斑；上体浅褐色而具橙黄色横斑；胸及腹部皮黄色，具黑色横斑；大腿及臀白色具褐色纵纹。颈背有橘黄色和黑色的假眼。虹膜黄色；嘴角质色；脚灰色。

生活习性 栖息于森林和林缘灌丛地带，有时也在村庄附近树林活动。主要为昼行性。主要以鼠类、甲虫为食，也吃小鸟和其他小型动物。

分布状况 分布于西藏东南部，华中、华东、西南、华南、东南等地区及海南、台湾。在九连山属留鸟，各地均有分布。易见。

保护级别 国家二级重点保护野生动物。

居留期记录
1月 2月 3月 4月 5月 6月 7月 8月 9月 10月 11月 12月

摄影：陈志高

摄影：陈志高

摄影：陈志高

摄影：陈志高

鸱鸮科 Strigidae

92 斑头鸺鹠
Glaucidium cuculoides
Asian Barred Owlet

形态特征 体长22～25厘米。无耳羽簇；头及上体暗褐色，具棕白色横斑，眉纹和下体白色，沿肩部有一道白色线条；胸及两胁具褐色横斑；腹部具褐色横纹。虹膜黄褐色；嘴黄绿色；脚绿黄色。

生活习性 栖息于森林、林缘、村庄附近、公园等地。主要为昼行性，主要以鼠类、昆虫为食，也吃小鸟和其他小型动物。

分布状况 分布于西南、华中、华南、东南等地区及海南。在九连山属留鸟，各地均有分布。少见。

保护级别 国家二级重点保护野生动物。

居留期记录
1月 2月 3月 4月 5月 6月 7月 8月 9月 10月 11月 12月

摄影：陈志高

鸱鸮科 Strigidae

93 鹰鸮
Ninox scutulata
Brown Boobook

形态特征 体长22～32厘米。眼大。形似鹰。面盘上无明显特征。上体深褐色；下体皮黄色，具宽阔的红褐色纵纹。虹膜亮黄色；嘴蓝灰色，蜡膜绿色；脚黄色。

生活习性 栖息于阔叶林和针阔混交林中，尤其喜欢在林中河谷地带活动，夜行性，有时于黄昏前后活动。主要以鼠类、昆虫和小鸟为食。

分布状况 分布于东部和南部广大地区，包括台湾。在九连山属留鸟，各地均有分布。少见。

保护级别 国家二级重点保护野生动物。

居留期记录

1月 2月 3月 4月 5月 6月 7月 8月 9月 10月 11月 12月

摄影：杜卿

摄影：林剑声

成鸟
摄影：林剑声

鸱鸮科 Strigidae

94 褐林鸮
Strix leptogrammica
Brown Wood Owl

形态特征 体长46～50厘米。全身满布红褐色横斑。无耳羽簇；面盘分明，上戴棕色"眼镜"，眼圈黑色，眉白色；上体深褐色，皮黄色及白色横斑浓重。下体皮黄色具深褐色的细横纹，胸淡染巧克力色。虹膜深褐色；嘴偏白色；脚蓝灰色。

生活习性 栖息于山地森林、平原和低山地区。夜行性，主要以鼠类为食，也吃兔类、蛙、昆虫和鸟类。

分布状况 分布于西南、华南、东南等地区及海南、台湾。在九连山属留鸟，各地均有分布。少见。

保护级别 国家二级重点保护野生动物。

居留期记录

| 1月 | 2月 | 3月 | 4月 | 5月 | 6月 | 7月 | 8月 | 9月 | 10月 | 11月 | 12月 |

亚成鸟
摄影：林剑声

鸱鸮科 Strigidae

95 长耳鸮
Asio otus
Long-eared Owl

形态特征 体长34～40厘米。耳羽簇较长。面盘羽色皮黄，缘以褐色及白色。嘴以上的面盘中央部位具明显白色"X"图形。上体褐色，具暗色块斑及皮黄色和白色的点斑。下体皮黄色，具棕色杂纹及褐色纵纹或斑块。虹膜橙黄色；嘴角质灰色；脚偏粉色。

生活习性 栖息于阔叶林和针阔混交林中，夜行性，有时也在村庄附近树林活动。主要以鼠类、昆虫和小鸟为食。

分布状况 分布于除海南外的全国各地。在九连山属冬候鸟，各地均有分布。少见。

保护级别 国家二级重点保护野生动物。

居留期记录

1月 2月 3月 4月 5月 6月 7月 8月 9月 10月 11月 12月

摄影：林剑声

摄影：林剑声

摄影：杜卿

鸱鸮科 Strigidae

96 短耳鸮
Asio flammeus
Short-eared Owl

形态特征 体长35～40厘米。皮黄白色面盘显著，眼周黑色，短小的耳羽簇在野外不易见。上体黄褐色，满布黑色和皮黄色纵纹；下体皮黄色，具深褐色纵纹。虹膜黄色；嘴深灰色；脚偏白色。

生活习性 栖息于平原藻泽、草地、湖岸、丘陵等地带。多于黄昏和晚上活动，主要以鼠类、昆虫和小鸟为食。

分布状况 分布于全国各地。在九连山属冬候鸟，各地均有分布。少见。

保护级别 国家二级重点保护野生动物。

居留期记录

| 1月 | 2月 | 3月 | 4月 | 5月 | 6月 | 7月 | 8月 | 9月 | 10月 | 11月 | 12月 |

摄影：杜卿

鸱鸮科 Strigidae

97 黄嘴角鸮
Otus spilocephalus
Mountain Scops Owl

形态特征 体长17～21厘米。上体棕褐色，点缀以细小黑褐色细斑，肩部具一排硕大的三角形白色点斑；下体灰褐色，尾羽有7道黑色横斑。虹膜绿黄色；嘴米黄色；脚淡灰白色。

生活习性 栖息于常绿阔叶林中，有时也到山脚林缘。夜行性，主要以鼠类及昆虫为食。

分布状况 分布于云南西南部、广西、广东、福建、海南、台湾。在九连山属留鸟，各地均有分布。少见。

保护级别 国家二级重点保护野生动物。

居留期记录

1月 2月 3月 4月 5月 6月 7月 8月 9月 10月 11月 12月

摄影：陈志高

摄影：陈志高

摄影：陈志高

鸮鸮科 Strigidae

98 红角鸮
Otus sunia
Oriental Scops Owl

形态特征 体长18～20厘米。属"有耳"型角鸮。有棕色型和灰色型之分。耳羽簇明显，全身棕褐色或者灰色，体羽具黑色纵纹。虹膜黄色；嘴角质色；脚褐灰色。

生活习性 栖息于森林中，有时在林缘、村庄附近的树林中活动。夜行性，主要以鼠类、昆虫及鸟类为食。

分布状况 分布于西北、东北、华北、华中、华南、西南、东南等地区及台湾。在九连山属留鸟，各地均有分布。少见。

保护级别 国家二级重点保护野生动物。

居留期记录
1月 2月 3月 4月 5月 6月 7月 8月 9月 10月 11月 12月

摄影：杜□

摄影：陈志高

鸱鸮科 Strigidae

99 领角鸮
Otus lettia
Collared Scops Owl

形态特征 体长20～27厘米。上体偏灰色或沙褐色，并多具黑色及皮黄色的杂纹或斑块；下体皮黄色，条纹黑色。具明显耳羽簇及特征性的浅沙色颈圈。虹膜深褐色；嘴黄色；脚污黄色。

生活习性 栖息于森林地带，有时也在林缘及村庄附近树林活动。夜行性，主要以鼠类，甲虫、蝗虫等为食。

分布状况 分布于东北、华北、华中、西南、华南、东南等地区及海南、台湾。在九连山属留鸟，各地均有分布。少见。

保护级别 国家二级重点保护野生动物。

居留期记录
1月 2月 3月 4月 5月 6月 7月 8月 9月 10月 11月 12月

摄影：陈志高

摄影：陈志高

夜鹰目

CAPRIMULGIFORMES

本目夜鹰科为夜行性鸟类，白天大都蹲伏在多树山坡的草地或树枝上，有时藏在洞穴中。嘴短、口裂大，嘴须粗长，眼形特大，体羽呈斑杂状。主要栖息于森林中，以昆虫为食。雨燕科鸟类具有很强的飞行能力，常在空中捕食昆虫，足短善攀岩，常将巢穴筑在峭壁缝隙或者很深的屋檐下。中国有4科22种，九连山有2科5种。

夜鹰科 Caprimulgidae

100 普通夜鹰
Caprimulgus indicus
Grey Nightjar

形态特征 体长28～32厘米。雄鸟：上体灰褐色，杂于黑褐色和灰白色斑；喉有白斑，外侧尾羽具白色斑纹。雌鸟：似雄鸟，但外侧尾羽白色块斑呈皮黄色。

虹膜褐色；嘴黑色；脚巧克力色。

生活习性 主要栖息于阔叶林和针阔混交林，也见于林缘、农田小树林。夜行性，以昆虫为食。

分布状况 除新疆、青海外见于全国各省。在九连山属夏候鸟，各地均有分布。少见。

保护级别 "三有"保护野生动物。

居留期记录

1月 2月 3月 4月 5月 6月 7月 8月 9月 10月 11月 12月

摄影：林剑声

摄影：杜卿

夜鹰科 Caprimulgidae

101 林夜鹰
Caprimulgus affinis
Savanna Nightjar

形态特征 体长20～26厘米。雄鸟：体羽灰褐色，喉两侧各具白斑，翅膀内侧具白斑，最外侧两对尾羽除端部外为白色。雌鸟：多棕色但尾部无白色斑纹，其余似雄鸟。虹膜褐色；嘴红褐色；脚暗红色。

生活习性 典型夜鹰，白日里栖身地面，或栖于城市高平建筑物的顶部。以昆虫为食。

分布状况 分布于西南、华南、东南等地区及海南、台湾。在九连山属留鸟，各地均有分布。少见。

保护级别 "三有"保护野生动物。

居留期记录

1月 2月 3月 4月 5月 6月 7月 8月 9月 10月 11月 12月

摄影：郑康华

雨燕科 Apodidae

102 白喉针尾雨燕
Hirundapus caudacutus
White-throated Needletail

形态特征 体长19~21厘米。颏及喉白色，尾下覆羽白色，三级飞羽具小块白色；背褐色，上具银白色马鞍形斑块。虹膜深褐色；嘴黑色；脚黑色。
生活习性 主要栖息于山地森林、河谷等开阔地带。于飞行中取食，主要以双翅目、鞘翅目等昆虫为食。

分布状况 分布于青海南部、西藏东南部及东部、四川、云南的北部和西部；指名亚种繁殖于东北地区，迁徙时见于华东、华南等地区及海南；在台湾为留鸟。在九连山属旅鸟，各地均有分布。少见。
保护级别 "三有"保护野生动物，江西省重点保护野生动物。

居留期记录
1月 2月 3月 **4月** **5月** 6月 7月 8月 **9月** **10月** 11月 12月

摄影：杜卿

摄影：陈志高

摄影：陈志高

雨燕科 Apodidae

103 白腰雨燕
Apus pacificus
Fork-tailed Swift

形态特征 体长17～18厘米。上体黑色，尾长而尾叉深，颏偏白色，腰上有白色，下体黑褐色。与小白腰雨燕区别在于体大而色淡，喉色较深，腰部白色马鞍形斑较窄，体形较细长，尾叉开。虹膜深褐色；嘴黑色；脚黑色。

生活习性 主要栖息于靠近水源附近的悬崖峭壁。喜成群，于飞行中取食，主要以各种昆虫为食。

分布状况 分布于东北、华北、华东、华中、西南、华南、东南等地区及台湾。在九连山属夏候鸟，各地均有分布。少见。

保护级别 "三有"保护野生动物。

居留期记录
1月 2月 3月 4月 5月 6月 7月 8月 9月 10月 11月 12月

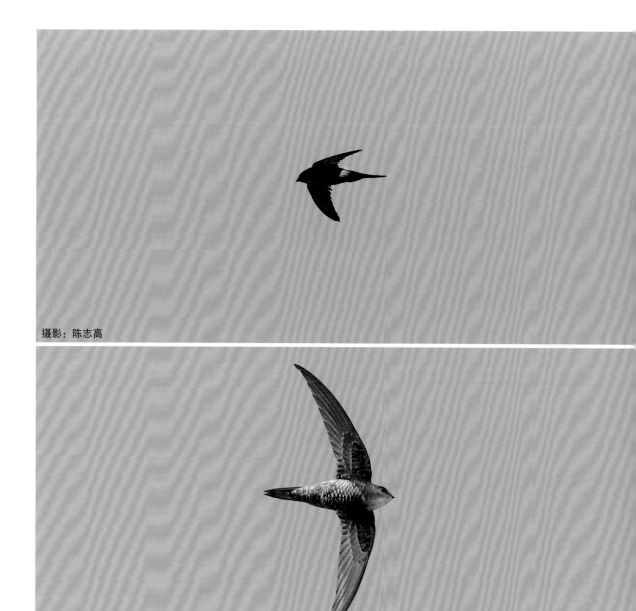

摄影：陈志高

摄影：杜卿

雨燕科 Apodidae

104 小白腰雨燕
Apus nipalensis
House Swift

形态特征 体长12~15厘米。通体黑褐色，喉及腰白色，尾为凹型非叉型。与体型较大的白腰雨燕区别在于色彩较深，喉及腰更白，尾部几乎为平切。虹膜深褐色；嘴黑色；脚黑褐色。

生活习性 主要栖息于开阔的林区、城镇、悬崖和海岛等各类生境。成群活动，于飞行中取食，主要以各种飞行昆虫为食。

分布状况 分布于西南、华南、东南等地区。在九连山属留鸟，各地均有分布。易见。

保护级别 "三有"保护野生动物。

居留期记录

| 1月 | 2月 | 3月 | 4月 | 5月 | 6月 | 7月 | 8月 | 9月 | 10月 | 11月 | 12月 |

成鸟
摄影：陈志高

巢中幼鸟
摄影：陈志高

咬鹃目

TROGONIFORMES

本目为攀禽。嘴短而宽，嘴尖稍曲，翅短而有力，尾长而宽阔。脚短、弱，具异型足，1～2趾向后，3～4趾向前。羽色鲜艳，雌雄异色。栖息于热带森林中，主要以昆虫、蜗牛等动物性食物为食。中国有1科3种，九连山有1科1 种。

咬鹃科 Trogonidae

105 红头咬鹃
Harpactes erythrocephalus
Red-headed Trogon

形态特征 体长35～39厘米。雄鸟：头红色，红色的胸部上具狭窄的半月形白环。雌鸟：头、颈、胸棕褐色，其余似雄鸟。虹膜褐色；眼周裸皮蓝色；嘴近蓝色；脚偏粉色。

生活习性 主要栖息于常绿阔叶林和次生林中。多单独或成对活动，以各种昆虫为食，也吃植物果实。

分布状况 分布于西南、华南、东南等地区。在九连山属留鸟，各地均有分布。易见。

保护级别 "三有"保护野生动物。

居留期记录

1月 2月 3月 4月 5月 6月 7月 8月 9月 10月 11月 12月

雄鸟
摄影：陈志高

雌鸟
摄影：陈志高

佛法僧目

CORACIIFORMES

本目为攀禽，嘴较长而粗壮，或较细而弯曲。脚短小，3趾向前1趾向后，并趾型。善久站及飞翔，羽色艳丽，雌雄相似。主要栖息于森林、平原、水边等各类生境。以昆虫、鱼、虾和植物果实为食。中国有3科23种，九连山有3科8种。

翠鸟科 Alcedinidae

106 冠鱼狗
Megaceryle lugubris
Crested Kingfisher

形态特征 体长37～43厘米。冠羽发达，上体青黑色并多具白色横斑和点斑，蓬起的冠羽也如是。下体白色，具黑色的胸部斑纹，两肋具皮黄色横斑。雄鸟：翼线白色，雌鸟：黄棕色。虹膜褐色；嘴黑色；脚黑色。

生活习性 栖息于森林河溪间。常单独活动，飞行慢而有力且不盘飞。主要以鱼、虾类和水生昆虫为食。

分布状况 分布于东北、华北、华中、华东、东南、西南、华南等地区及海南。在九连山属留鸟，主要分布于横坑水水库和大丘田。少见。

保护级别 江西省重点保护野生动物。

居留期记录

1月 2月 3月 4月 5月 6月 7月 8月 9月 10月 11月 12月

摄影：陈志高

翠鸟科 Alcedinidae

107 斑鱼狗
Ceryle rudis
Pied Kingfisher

形态特征 体长27～31厘米。与冠鱼狗的区别在体型较小，冠羽较小，具显眼白色眉纹。上体黑色而多具白点。初级飞羽及尾羽基白色而稍黑。下体白色，雄鸟胸部具两条黑色的胸带，雌鸟为一条。虹膜褐色；嘴黑色；脚黑色。

生活习性 主要栖息于低山和平原溪流、河流、湖泊、池塘等开阔水域岸边，主要以鱼、虾、水生昆虫为食。

分布状况 分布于北京、天津、河南、云南、广西和长江流域以南各地区。在九连山属留鸟，主要分布于横坑水水库和大丘田。少见。

保护级别 未列入。

居留期记录
1月 2月 3月 4月 5月 6月 7月 8月 9月 10月 11月 12月

摄影：杜卿

雄鸟
摄影：杜卿

翠鸟科 Alcedinidae

108 斑头大翠鸟
Alcedo hercules
Blyth's Kingfisher

形态特征 体长22～23厘米。形似普通翠鸟，但明显为大，头顶、枕及头侧色深至黑色，上体亮淡蓝色，下体棕栗色。与普通翠鸟的区别为眼前及眼下具皮黄色点斑，颈侧具皮黄色条纹，耳羽近黑并具银蓝色细纹。虹膜褐色；嘴黑色，雌鸟下嘴红色；脚黑色。

生活习性 主要栖息于山涧溪流、河谷、常绿森林的河岸。主要以鱼类和水生昆虫为食。

分布状况 分布于西藏东南部、云南南部、广西、广东、江西、福建、海南。在九连山属留鸟，主要分布于大丘田。易见。

保护级别 "三有"保护野生动物。

居留期记录

| 1月 | 2月 | 3月 | 4月 | 5月 | 6月 | 7月 | 8月 | 9月 | 10月 | 11月 | 12月 |

雌鸟
摄影：李小强

雄鸟
摄影：李小强

翠鸟科 Alcedinidae

109 普通翠鸟
Alcedo atthis
Common Kingfisher

形态特征 体长15～18厘米。橘黄色条带横贯眼部及耳羽；上体金属浅蓝绿色，颈侧具白色点斑；下体橙棕色，颏白色。幼鸟色黯淡，具深色胸带。虹膜褐色；嘴黑色，雌鸟下嘴红色；脚红色。

生活习性 主要栖息于淡水湖泊、溪流、运河、鱼塘及红树林。主要以鱼类为食，也吃水生昆虫。

分布状况 分布于全国各地。在九连山属留鸟，各地均有分布。常见。

保护级别 "三有"保护野生动物，江西省重点保护野生动物。

居留期记录

1月 2月 3月 4月 5月 6月 7月 8月 9月 10月 11月 12月

雄鸟
摄影：陈志高

雌鸟
摄影：陈志高

翠鸟科 Alcedinidae

110 白胸翡翠
Halcyon smyrnensis
White-throated Kingfisher

形态特征 体长26～30厘米。颏、喉及胸部白色；头、颈及下体余部褐色；上背、翼及尾蓝色鲜亮如闪光；翼上覆羽上部及翼端黑色。虹膜深褐色；嘴深红色；脚红色。

生活习性 主要栖息于湖泊、溪流、河流、鱼塘及沼泽等水域附近。主要以鱼类为食，也吃水生昆虫。

分布状况 分布于西南、华南、东南等地区。在九连山属留鸟，各地均有分布。少见。

保护级别 "三有"保护野生动物，江西省重点保护野生动物。

居留期记录

1月	2月	3月	4月	5月	6月	7月	8月	9月	10月	11月	12月

摄影：陈志高

摄影：陈志高

翠鸟科 Alcedinidae

111 蓝翡翠
Halcyon pileata
Black-capped Kingfisher

形态特征 体长26～31厘米。头黑色，喉、颈及胸部白色。上体紫蓝色，翼上覆羽黑色，飞羽具大块白斑。下体淡橙红色，尾蓝色，尾下黑色。飞行时白色翼斑显现。虹膜深褐色；嘴红色；脚红色。

生活习性 主要栖息于山谷、森林河溪和山脚平原河流、湖泊、池塘和沼泽地带。主要以鱼、虾、蟹、水生昆虫为食，也吃蛙类。

分布状况 分布于东北、华东、华中、西南、华南等地区。在九连山属夏候鸟，各地均有分布。少见。

保护级别 "三有"保护野生动物，江西省重点保护野生动物。

居留期记录
1月 2月 3月 4月 5月 6月 7月 8月 9月 10月 11月 12月

摄影：杜卿

摄影：林剑声

蜂虎科 Meropidae

112 蓝喉蜂虎
Merops viridis
Blue-throated Bee-eater

形态特征 体长26～28厘米。成鸟：头顶及上背巧克力色，过眼线黑色，颏、喉为蓝色，翼蓝绿色，腰及长尾浅蓝色，下体浅绿色。亚成鸟：尾羽无延长，头及上背绿色。虹膜红色或褐色；嘴黑色；脚黑色。

生活习性 主要栖息于林缘疏林、灌丛、草坡等开阔地带。多在空中飞翔觅食，主要以蜂类为食，也吃其他昆虫。

分布状况 分布于西南、东南、华南等地区。在九连山属夏候鸟，各地均有分布。易见。

保护级别 "三有"保护野生动物。

居留期记录

1月 2月 3月 4月 **5月 6月 7月 8月 9月 10月** 11月 12月

摄影：陈志高

摄影：陈志高

摄影：陈志高

佛法僧科 Coraciidae

113 三宝鸟
Eurystomus orientalis
Dollarbird

形态特征 体长26～29厘米。整体羽色为暗蓝灰色，喉为亮丽蓝色。飞行时两翼中心有对称的亮蓝色圆圈状斑块。虹膜褐色；嘴珊瑚红色，嘴端黑色；脚橘黄色或红色。

生活习性 主要栖息于阔叶林林缘路边和河谷两岸高大的乔木上。常在空中飞行觅食，主要以各种昆虫为食。

分布状况 分布于东北、华北、西南、华南等地区及东南沿海地区。在九连山属夏候鸟，各地均有分布。易见。

保护级别 "三有"保护野生动物，江西省重点保护野生动物。

居留期记录
1月 2月 3月 4月 5月 6月 7月 8月 9月 10月 11月 12月

亚成鸟
摄影：陈志高

成鸟
摄影：陈志高

犀鸟目

BUCERONFORMES

本目为攀禽，喙细长而尖，向下弯曲，头顶有扇状冠羽，翅短圆，体羽土棕色而有黑白斑，雌雄相似。栖息于开阔平原、农田和林缘等地带，主要以昆虫为食。中国有2科6种，九连山有1科1种。

戴胜科 Upupidae

114 戴胜
Upupa epops
Common Hoopoe

形态特征 体长25～32厘米。具长而尖黑的耸立型粉棕色丝状冠羽。头、上背、肩及下体粉棕，两翼及尾具黑白相间的条纹。嘴长且下弯。虹膜褐色；嘴黑色；脚黑色。

生活习性 主要栖息于农田、草地，也喜好在村庄和果园等开阔地带活动。常单独或成对活动。主要以各种昆虫和其他小型无脊椎动物为食。

分布状况 分布于全国各地。在九连山属留鸟，各地均有分布。少见。

保护级别 江西省重点保护野生动物。

居留期记录

| 1月 | 2月 | 3月 | 4月 | 5月 | 6月 | 7月 | 8月 | 9月 | 10月 | 11月 | 12月 |

摄影：陈志高

摄影：陈志高

啄木鸟目

PICIFORMES

本目为攀禽。嘴多粗长侧扁，呈凿状。
脚短而强健，为对趾型，趾端有锐爪，善攀
缘。舌长而能伸缩自如，舌尖具逆钩。平尾
或楔尾，大多具坚硬的羽干，富弹性。主要
栖息于森林中，以昆虫为食。中国有3科43
种，九连山有2科11种。

摄影：杜卿

拟啄木鸟科 Capitonidae

115 大拟啄木鸟
Psilopogon virens
Great Barbet

形态特征 体长30～35厘米。头、颈、喉暗蓝绿色，背、上胸、肩暗褐色，翅膀、腰、尾上覆羽绿色，下胸及腹部黄色而带深绿色纵纹，尾下覆羽亮红色。虹膜褐色；嘴浅黄色，上嘴先端黑色；脚灰色。

生活习性 栖息于常绿阔叶林和针阔混交林中。常单独或成对活动，叫声独特，主要以植物果实为食。繁殖季节也吃各种昆虫。

分布状况 分布于西藏南部及西南、华南、东南等地区。在九连山属留鸟，各地均有分布。易见。

保护级别 "三有"保护野生动物。

居留期记录

| 1月 | 2月 | 3月 | 4月 | 5月 | 6月 | 7月 | 8月 | 9月 | 10月 | 11月 | 12月 |

摄影：杜卿

拟啄木鸟科 Capitonidae

116 黑眉拟啄木鸟
Psilopogon faber
Chinese Barbet

形态特征 体长20～25厘米。体羽绿色。头部有蓝、红、黄、黑四色。眉黑色，颊蓝色，喉黄色，颈侧具红点。虹膜褐色；嘴黑色；脚灰绿色。

生活习性 栖息于常绿阔叶林和针阔混交林中。常单独或成小群活动，典型的冠栖拟啄木鸟。主要以植物果实为食，也吃少量昆虫。

分布状况 分布于贵州、江西、福建、广东、广西、海南等地。在九连山属留鸟，各地均有分布。易见。

保护级别 "三有"保护野生动物。

居留期记录

1月 2月 3月 4月 5月 6月 7月 8月 9月 10月 11月 12月

摄影：陈志高

摄影：陈志高

啄木鸟科 Picidae

117 蚁䴕
Jynx torquilla
Eurasian Wryneck

形态特征 体长16～17厘米。上体及尾棕灰色，杂有黑色斑点。自后枕至下背有一黑褐色菱形斑块。下体皮黄色，具暗色小横斑。尾具数条黑褐色横斑。虹膜褐色；嘴角质色；脚褐色。

生活习性 栖息于低山丘陵和平原开阔的阔叶林和针阔混交林中，也出现于林缘灌丛。常单独活动。主要以蚂蚁、蚁卵和蛹为食，也吃一些小甲虫。

分布状况 分布于全国各地。在九连山属冬候鸟，各地均有分布。少见。

保护级别 "三有"保护野生动物。

居留期记录

1月 2月 3月 4月 5月 6月 7月 8月 9月 10月 11月 12月

摄影：陈志高

摄影：陈志高

雌鸟
摄影：韦铭

啄木鸟科 Picidae

118 栗啄木鸟
Micropiernus brachyurus
Rufous Woodpecker

形态特征　体长21～25厘米。通体红褐色，两翼及上体具黑色横斑，下体也具较模糊横斑。雄鸟眼下和眼后部位具一红斑。虹膜红色；嘴黑色；脚褐色。

生活习性　主要栖息于低山丘陵和平原地带的阔叶林、混交林、次生林中。常单独活动，主要以蚂蚁等蚁类为食。

分布状况　分布于西南、华南、东南等地区及海南。在九连山属留鸟，各地均有分布。少见。

保护级别　"三有"保护野生动物。

居留期记录

| 1月 | 2月 | 3月 | 4月 | 5月 | 6月 | 7月 | 8月 | 9月 | 10月 | 11月 | 12月 |

上雄鸟下雌鸟
摄影：陈志高

啄木鸟科 Picidae

119 灰头绿啄木鸟
Picus canus
Grey-headed Woodpecker

形态特征 体长26～33厘米。眼先及颊纹黑色，背绿色，下体全灰色，颊及喉亦灰色。雄鸟前顶冠猩红色。雌鸟顶冠灰色而无红斑。虹膜红褐色；嘴深灰色；脚蓝灰色。

生活习性 栖息于低山阔叶林、混交林、次生林中。常单独活动，主要以蚂蚁、鞘翅目等昆虫为食，偶尔也吃植物果实和草籽。

分布状况 国内分布于新疆、西藏、青海及东北、华北、西南、华南、东南等地区和台湾。在九连山属留鸟，各地均有分布。少见。

保护级别 "三有"保护野生动物。

居留期记录

1月 2月 3月 4月 5月 6月 7月 8月 9月 10月 11月 12月

雌鸟
摄影：陈志高

雄鸟
摄影：林剑声

啄木鸟科 Picidae

120 竹啄木鸟
Gecinulus grantia
Pale-headed Woodpecker

形态特征　体长23～25厘米。雄鸟：头顶至枕部玫瑰色而缀有橙色或全为红色，额、颊淡皮黄色，颈侧和后颈橄榄黄色，上体红褐色，下体橄榄褐色。雌鸟：头顶黄绿色而无红色。虹膜褐色；嘴蓝白色；脚橄榄色。

生活习性　主要栖息于低山竹林及次生林，多单独或成对活动。主要以蚂蚁和昆虫为食。

分布状况　分布于湖北北部，云南西部、西南部、南部，广东北部，福建中部、西北部。在九连山属留鸟，各地均有分布。少见。

保护级别　"三有"保护野生动物。

居留期记录

| 1月 | 2月 | 3月 | 4月 | 5月 | 6月 | 7月 | 8月 | 9月 | 10月 | 11月 | 12月 |

雌鸟
摄影：林剑声

雄鸟
摄影：张明

啄木鸟科 Picidae

121 大斑啄木鸟
Dendrocopos major
Great Spotted Woodpecker

形态特征 体长20~25厘米。体羽黑、白相间。雄鸟枕部具狭窄红色带而雌鸟无。两性臀部均为红色。虹膜近红色；嘴灰色；脚灰色。

生活习性 栖息于山地和平原阔叶林、针叶林、针阔混交林中。常单独或成对活动，主要以蚂蚁、天牛、蚜虫等各种昆虫为食。

分布状况 分布广泛，几乎遍布全国。在九连山属留鸟，各地均有分布。少见。

保护级别 "三有"保护野生动物。

居留期记录
1月 2月 3月 4月 5月 6月 7月 8月 9月 10月 11月 12月

雄鸟
摄影：陈志高

雌鸟
摄影：陈志高

啄木鸟科 Picidae

122 星头啄木鸟
Dendrocopos canicapillus
Grey-capped Woodpecker

形态特征 体长14～18厘米。头顶灰色，背黑色，有白色相间的横纹。下体淡棕白色，具黑褐色纵纹。雄鸟眼后上方具红色条纹，近黑色条纹的腹部棕黄色。虹膜淡褐色；嘴灰色；脚绿灰色。

生活习性 栖息于山地和平原阔叶林、针叶林、针阔混交林中。也出现于村边和耕地中的零星乔木树上。常常单独或成对活动，主要以蚂蚁、金花虫、天牛、甲虫等各种昆虫为食，也吃植物果实和种子。

分布状况 分布于东北、华北、西南、华南、东南等地区及台湾。在九连山属留鸟，各地均有分布。少见。

保护级别 "三有"保护野生动物。

居留期记录

1月 2月 3月 4月 5月 6月 7月 8月 9月 10月 11月 12月

摄影：陈志高

摄影：陈志高

啄木鸟科 Picidae

123 小星头啄木鸟
Dendrocopos kizuki
Pygmy Woodpecker

形态特征 体长14厘米。眉线短而白，颊线白色，眉线后上方具不明显红色条纹，耳羽后具白色块斑。上体黑色，背具白色点斑，两翼白色点斑成行，外侧尾羽边缘白色。下体皮黄色，具黑色条纹，近灰色的横斑过胸，上胸白色。虹膜褐色；嘴灰色；脚灰色。

生活习性 栖于各种林地。单独或成对活动。主要以各种昆虫的幼虫为食，偶尔也吃植物果实。

分布状况 分布于黑龙江东北部至辽宁、内蒙古、新疆、湖北、山东。在九连山属迷鸟，2003年以前有过记录，近15年未有观察记录。

保护级别 "三有"保护野生动物。

居留期记录

1月 2月 3月 4月 5月 6月 7月 8月 9月 10月 11月 12月

摄影：张明　　　　摄影：韦铭

雄鸟
摄影：陈志高

啄木鸟科 Picidae

124 黄嘴栗啄木鸟
Blythipicus pyrrhotis
Bay Woodpecker

形态特征 体长25～32厘米。上体棕色具黑色横斑，下体暗栗色。雄鸟颈侧及枕具红色块斑，雌鸟无红色块斑。虹膜红褐色；嘴黄绿色；脚黑褐色。

生活习性 栖息于山地阔叶林中，冬季也常到山脚平原和林缘地带。单独或成对活动。主要以各种昆虫为食。

分布状况 分布于西南、华南、东南等地区及海南。在九连山属留鸟，各地均有分布。少见。

保护级别 "三有"保护野生动物。

居留期记录

1月 2月 3月 4月 5月 6月 7月 8月 9月 10月 11月 12月

雌鸟
摄影：林剑声

啄木鸟科 Picidae

125 斑姬啄木鸟
Picumnus innominatus
Speckled Piculet

形态特征 体长9～10厘米。背部橄榄色。下体多具黑点，脸及尾部具黑白色纹。雄鸟头顶橙红色，雌鸟似雄鸟，但头顶为单一的栗色或烟褐色。虹膜褐色；嘴黑色；脚灰色。

生活习性 栖息于山地常绿阔叶林和针阔混交林中，尤喜好在竹林中觅食。多单独活动，主要以甲虫、蚂蚁或其他昆虫为食。

分布状况 分布于西藏东南部及西南、华中、华东、华南、东南等地区。在九连山属留鸟，各地均有分布。少见。

保护级别 "三有"保护野生动物。

居留期记录
1月 2月 3月 4月 5月 6月 7月 8月 9月 10月 11月 12月

摄影：杜卿

摄影：林剑声

雀形目

PASSERIFORMES

本目为鸣禽，雀形目种类及数量众多，是鸟类中最为庞杂的一目。外形似雀，体型不一，羽色多样。嘴相对小而强，脚较细弱，除阔嘴鸟科外，都为离趾型足，三趾向前一趾向后。栖息于各类生境，多为杂食性。中国有55科791种，九连山有37科157种。

八色鸫科 Pittidae

126 仙八色鸫
Pitta nympha
Fairy Pitta

形态特征 体长18～22厘米。前额至枕棕栗色，冠顶纹黑色，眉纹乳黄色，头侧有一条宽阔的黑纹至颈后于眉纹相连。背翠绿色，腰、尾上覆羽及翅上小覆羽钴蓝色。喉白色，腹部中央和尾下覆羽血红色，其余下体乳黄色。虹膜褐色；嘴黑色；脚肉红色。

生活习性 栖息于茂密的森林、林缘灌丛和疏林地带。主要以昆虫为食，也吃蚯蚓等其他无脊椎动物。

分布状况 分布于华北、甘肃以南，云贵川以东地区。在九连山属夏候鸟，各地均有分布。少见。

保护级别 国家二级重点保护野生动物。

居留期记录
| 1月 | 2月 | 3月 | 4月 | 5月 | 6月 | 7月 | 8月 | 9月 | 10月 | 11月 | 12月 |

摄影：杜卿

摄影：杜卿

百灵科 Alaudidae

127 小云雀
Alauda gulgula
Oriental Skylark

形态特征 体长14～17厘米。体羽褐色斑驳，似鹨。略具浅色眉纹及羽冠。与云雀的区别在体型较小，飞行时白色后翼缘较小且叫声不同。虹膜褐色；嘴角质色；脚肉色。

生活习性 栖于长有短草的开阔地区。除繁殖季节外，多成群活动。主要以植物性食物为食，也吃昆虫等动物性食物。

分布状况 分布于中南部的广大地区。在九连山属留鸟，各地均有分布。少见。

保护级别 "三有"保护野生动物。

居留期记录

| 1月 | 2月 | 3月 | 4月 | 5月 | 6月 | 7月 | 8月 | 9月 | 10月 | 11月 | 12月 |

摄影·陈志高

摄影·陈志高

幼鸟
摄影：陈志高

成鸟
摄影：陈志高

燕科 Hirundinidae

128 家燕
Hirundo rustica
Barn Swallow

形态特征 体长15～19厘米。头及上体钢蓝色；额、喉红色；胸偏红色而具一道蓝色胸带，腹白色；尾甚长，分叉深，近端处具白色点斑。亚成鸟体羽色暗，尾无延长，易与洋斑燕混淆。虹膜褐色；嘴黑色；脚黑色。

生活习性 喜欢栖息于村庄和城镇，在高空滑翔及盘旋，或低飞于地面或水面捕捉小昆虫。主要以蝇、蚊、蜂、蛾等昆虫为食。

分布状况 分布于全国各地。在九连山属夏候鸟，各地均有分布，常见。

保护级别 "三有"保护野生动物，江西省重点保护野生动物。

居留期记录
1月 2月 3月 4月 5月 6月 7月 8月 9月 10月 11月 12月

亚成鸟
摄影：陈志高

燕科 Hirundinidae

129 金腰燕
Cecropis daurica
Red-rumped Swallow

形态特征 体长16～20厘米。脸颊及后枕红褐色，上体深钢蓝色，腰浅栗色，下体白色多具黑色细纹，尾长而叉深。虹膜褐色；嘴黑色；脚黑色。

生活习性 主要栖息于低山丘陵和平原地区的村庄和城镇等居民区。常成群活动。主要以蝇、蚊、蛾等昆虫为食。

分布状况 分布于全国各地。在九连山属夏候鸟，各地均有分布。常见。

保护级别 "三有"保护野生动物，江西省重点保护野生动物。

居留期记录

| 1月 | 2月 | 3月 | 4月 | 5月 | 6月 | 7月 | 8月 | 9月 | 10月 | 11月 | 12月 |

摄影：陈志高

摄影：陈志高

燕科 Hirundinidae

130 崖沙燕
Riparia riparia
Sand Martin

形态特征 体长11～14厘米。上体灰褐色或沙灰色，下体白色并具一道特征性的褐色胸带，尾呈浅叉状。亚成鸟喉皮黄色。虹膜褐色；嘴黑色；脚黑色。
生活习性 主要栖息于沼泽、河流、湖泊岸边的沙滩、沙丘和砂质的岩坡上。多成群活动，有时与家燕、金腰燕混群在空中飞行。主要以飞行性昆虫为食。
分布状况 繁殖于东北地区，迁徙时经过华东、华南等地区。在九连山属旅鸟，各地均有分布。少见。
保护级别 "三有"保护野生动物，江西省重点保护野生动物。

居留期记录
1月 2月 3月 4月 5月 6月 7月 8月 9月 10月 11月 12月

摄影：陈志高

摄影：陈志高

摄影：林剑声

燕科 Hirundinidae

131 烟腹毛脚燕
Delichon dasypus
Asian House Martin

形态特征 体长12～13厘米。上体钢蓝色，腰白色，尾浅叉，下体偏灰色，胸烟白色。与毛脚燕的区别在翼衬黑色。虹膜褐色；嘴黑色；脚粉红色。

生活习性 主要栖息于海拔较高的山地悬崖峭壁处，也栖息于房舍、桥梁等建筑上。多成群栖息和活动。主要以飞行昆虫为食。

分布状况 分布于中东部地区、青藏高原、华南地区及台湾。在九连山属留鸟，各地均有分布。少见。

保护级别 "三有"保护野生动物，江西省重点保护野生动物。

居留期记录
1月 2月 3月 4月 5月 6月 7月 8月 9月 10月 11月 12月

摄影：陈志高

摄影：陈志高

摄影：陈志高

鹡鸰科 Motacillidae

132 山鹡鸰
Dendronanthus indicus
Forest Wagtail

形态特征 体长17～19厘米。头和上体灰褐色，眉纹白色；两翼具黑白色的粗显斑纹；下体白色，胸上具两道黑色的横斑纹，较下的一道横纹有时不完整。虹膜灰色；嘴角质褐色，下嘴肉红色；脚粉色。

生活习性 主要栖息于低山丘陵地带的森林中。单独或成对在开阔森林地面穿行，尾轻轻往两侧摆动，受惊时做波状低飞至前方几米处停下。主要以昆虫为食。

分布状况 除西藏、新疆外，见于全国各地。在九连山属夏候鸟，各地均有分布。少见。

保护级别 "三有"保护野生动物。

居留期记录

1月 2月 3月 4月 5月 6月 7月 8月 9月 10月 11月 12月

摄影：陈志高

鹡鸰科 Motacillidae

133 黄鹡鸰
Motacilla tschutschensis
Eastern Yellow Wagtail

形态特征 体长17～18厘米。眉纹黄色或黄白色或无。头顶蓝灰色或暗色，上体橄榄绿色或灰色。飞羽黑褐色，具两道白色或黄白色横斑。下体黄色。尾黑褐色，最外侧两对尾羽白色。虹膜褐色；嘴褐色；脚褐色至黑色。

生活习性 栖息于稻田、沼泽边缘及草地。常成对或结成群活动。多在地上取食。主要以昆虫为食。

分布状况 分布于全国各地。在九连山属旅鸟，各地均有分布。少见。

保护级别 "三有"保护野生动物。

居留期记录

1月	2月	3月	4月	5月	6月	7月	8月	9月	10月	11月	12月

摄影：陈志高

摄影：陈志高

鹡鸰科 Motacillidae

134 黄头鹡鸰
Motacilla citreola
Citrine Wagtail

形态特征　体长16～18厘米。雄鸟：头及下体艳黄色，上背和肩部黑色，下背暗灰褐色或黑色，翅暗褐色具白斑，腰暗灰色，尾上覆羽和尾羽黑褐色，最外侧两对尾羽白色。雌鸟：头顶及脸颊灰色，黄色眉纹和脸颊后缘及下缘的黄色汇合成环。亚成鸟：暗淡白色取代成鸟的黄色。虹膜深褐色；嘴黑色；脚近黑色。

生活习性　主要栖息于湖畔、沼泽、草地、农田等各种生境。常成对或成小群活动。主要以昆虫为食。

分布状况　分布广泛，几乎遍及全国。在九连山属冬候鸟，各地均有分布。少见。

保护级别　"三有"保护野生动物。

居留期记录
1月 2月 3月 4月 5月 6月 7月 8月 9月 10月 11月 12月

雄鸟
摄影：杜卿

雌鸟
摄影：陈志高

鹡鸰科 Motacillidae

135 灰鹡鸰
Motacilla cinerea
Gray Wagtail

形态特征 体长17～19厘米。头部灰褐色或暗灰色，具白色眉纹和髭纹，上体灰褐色，腰黄绿色，尾羽黑褐色，下体黄色。与黄鹡鸰的区别在上背灰色，飞行时白色翼斑和黄色的腰显现，且尾较长。虹膜褐色；嘴黑褐色；脚粉灰色。

生活习性 主要栖息于水塘、溪流、河谷、沼泽等水域附近地带。常单独或成对活动。主要以昆虫为食。

分布状况 分布于全国各地。在九连山属留鸟，部分为旅鸟，各地均有分布。易见。

保护级别 "三有"保护野生动物。

居留期记录

1月 2月 3月 4月 5月 6月 7月 8月 9月 10月 11月 12月

摄影：陈志高

摄影：陈志高

鹡鸰科 Motacillidae

136 白鹡鸰
Motacilla alba
White Wagtail

形态特征 体长18~20厘米。额、前头顶、颈侧白色，后头顶至枕、胸黑色，背、肩黑色或灰色，两翅黑色具白斑，尾黑色，外侧尾羽白色。喉黑色或白色，其余下体白色。雌鸟似雄鸟但色较暗。亚成鸟灰色取代成鸟的黑色。虹膜褐色；嘴黑色；脚黑色。

生活习性 栖于近水的开阔地带。常单独或成小群活动。受惊扰时呈波浪式飞行并发出示警叫声，主要以昆虫为食。

分布状况 分布广泛，几乎遍布全国。在九连山属留鸟，各地均有分布。常见。

保护级别 "三有"保护野生动物。

居留期记录

1月 2月 3月 4月 5月 6月 7月 8月 9月 10月 11月 12月

亚成鸟
摄影：陈志高

成鸟
摄影：陈志高

鹡鸰科 Motacillidae

137 田鹨

Anthus richardi

Richard's Pipit

形态特征 体长15～19厘米。上体多为黄褐色或棕黄色，头顶和背部具暗褐色纵纹。具近白色粗眉纹，眼后方至耳羽深褐色。尾黑褐色，两侧尾羽白色。下体白色，喉两侧有暗褐色纵纹，胸部具细小稀疏的暗色点斑，胸及两胁沾皮黄色。虹膜褐色；上嘴褐色，下嘴黄色；脚黄褐色。

生活习性 栖息于开阔平原、草地、河滩、沼泽和稻田地带。常单独或成对活动。进食时尾摇动。主要以昆虫为食。

分布状况 除西藏、台湾外，见于全国各地。在九连山属冬候鸟，部分为旅鸟，各地均有分布。少见。

保护级别 "三有"保护野生动物。

居留期记录

1月 2月 3月 4月 5月 6月 7月 8月 9月 10月 11月 12月

摄影：陈志高

摄影：陈志高

鹡鸰科 Motacillidae

138 树鹨
Anthus hodgsoni
Olive-backed Pipit

形态特征 体长13～15厘米。具白色粗长的眉纹，耳羽附近有黄白色的羽斑。上体橄榄绿色，满布黑色纵纹，翅黑褐色，具两道白色翼带。下体皮黄白色，胸及两胁具浓密黑色纵纹。虹膜褐色；上嘴褐色，下嘴粉红色；脚偏粉色。

生活习性 栖息于开阔的林子。经常结成小群或者单个在开阔的树林地面行走，受惊时飞起落树上。食性较杂，主要以昆虫及小型无脊椎动物为食，也吃草籽等植物性食物。

分布状况 分布于全国各地。在九连山属冬候鸟，各地均有分布。常见。

保护级别 "三有"保护野生动物。

居留期记录
1月 2月 3月 4月 5月 6月 7月 8月 9月 10月 11月 12月

摄影：陈志高

摄影：陈志高

鹡鸰科 Motacillidae

139 红喉鹨
Anthus cervinus
Red-throated Pipit

形态特征 体长14～16厘米。夏羽：前额、脸颊、颏、喉和上胸为棕红色。上体灰褐色，具黑褐色纵纹，飞羽黑褐色，具两条淡色翼带，腹部茶褐色，具暗色纵纹。冬羽：整个头部和胸棕红色的部分消失，仅余栗色耳羽和黄褐色眉斑，胸部具粗的黑色纵纹，腹部为淡黄色。虹膜褐色；嘴角质色，基部黄色；脚肉色。

生活习性 栖息于林缘、河流湖泊岸边、农田等生境。多单独或成对活动，迁徙期间亦成小群。主要以昆虫为食。

分布状况 我国东部地区常见的候鸟，在长江以北地区主要为旅鸟，于长江以南越冬。在九连山属冬候鸟，部分为旅鸟，各地均有分布。少见。

保护级别 "三有"保护野生动物。

居留期记录

| 1月 | 2月 | 3月 | 4月 | 5月 | 6月 | 7月 | 8月 | 9月 | 10月 | 11月 | 12月 |

夏羽
摄影：陈志高

冬羽
摄影：陈志高

鹡鸰科 Motacillidae

140 黄腹鹨
Anthus rubescens
Buff-bellied Pipit

形态特征 体长14～15厘米。似树鹨但上体褐色浓重，胸及两胁纵纹浓密，颈侧具近黑色的块斑。初级飞羽及次级飞羽羽缘白色。虹膜褐色；上嘴角质色，下嘴粉红色；脚暗黄色。

生活习性 栖息于滩涂、草地、稻田和沼泽等生境中。常单独或成对活动，冬季亦成小群。主要以昆虫为食，也吃少量杂草种子和小型无脊椎动物。

分布状况 分布于东北地区至云南以及长江流域。在九连山属冬候鸟，各地均有分布。少见。

保护级别 "三有"保护野生动物。

居留期记录
1月 2月 3月 4月 5月 6月 7月 8月 9月 10月 11月 12月

摄影：陈志高

摄影：陈志高

山椒鸟科 Campephagidae

141 小灰山椒鸟
Pericrocotus cantonensis
Swinhoe's Minivet

形态特征 体长17～19厘米。雄鸟：前额白色，头顶后部至颈背暗灰色，腰及尾上覆羽浅皮黄色，通常具醒目的白色翼斑。雌鸟似雄鸟，但褐色较浓，有时无白色翼斑。虹膜褐色；嘴黑色；脚黑色。

生活习性 主要栖息于低山丘陵及平原地带的林地和灌丛中，也见于次生林和人工林中。喜欢成对或成小群活动。主要以昆虫为食，也吃植物果实和草籽。

分布状况 分布于华中、华南等地区及东南沿海，迷鸟曾出现于台湾。在九连山属夏候鸟，各地均有分布。少见。

保护级别 "三有"保护野生动物。

居留期记录
1月 2月 3月 4月 5月 6月 7月 8月 9月 10月 11月 12月

雄鸟
摄影：杜卿

雌鸟
摄影：杜卿

山椒鸟科 Campephagidae

142 灰喉山椒鸟
Pericrocotus solaris
Grey-chinned Minivet

形态特征 体长17～18厘米。雄鸟：额至上背石板黑色，下颊、颈侧至喉灰色，翅及尾黑色，其余体羽深红色，翼上具倒"L"形红色斑。雌鸟：似雄鸟，但红色部分转为黄色。虹膜深褐色；嘴黑色；脚黑色。

生活习性 主要栖息于阔叶林和针阔混交林，有时也出现在针叶林中，经常成小群活动，也会与其他山椒鸟混群。主要以昆虫为食。

分布状况 分布于西藏东南部、西南、华南、东南等地区，包括海南和台湾。在九连山属留鸟，各地均有分布。易见。

保护级别 "三有"保护野生动物。

居留期记录

1月 2月 3月 4月 5月 6月 7月 8月 9月 10月 11月 12月

雄鸟
摄影：陈志高

雌鸟
摄影：陈志高

山椒鸟科 Campephagidae

143 灰山椒鸟
Pericrocotus divaricatus
Ashy Minivet

形态特征 体长18～19厘米。雄鸟：头顶后部、过眼纹及飞羽黑色，上体余部灰色。前额、头顶、头顶前部、颈侧和下体白色。雌鸟：似雄鸟，但头顶后部至上体为灰色。虹膜褐色；嘴黑色；脚黑色。

生活习性 主要栖息于低海拔的山地森林中。多成群在树冠活动，飞行时呈波浪形。主要以甲虫、瓢虫、毛虫等昆虫为食。

分布状况 繁殖于东北地区，迁徙期间经过华北、华东、华南等地区，在云南南部和台湾越冬。在九连山属旅鸟，各地均有分布。少见。

保护级别 "三有"保护野生动物。

居留期记录

1月 2月 3月 **4月** **5月** 6月 7月 8月 **9月** **10月** 11月 12月

雌鸟
摄影：陈志高

雄鸟
摄影：陈志高

山椒鸟科 Campephagidae

144 赤红山椒鸟
Pericrocotus flammeus
Scarlet Minivet

形态特征 体长19～22厘米。雄鸟：胸、腹部、腰、尾羽羽缘及翼上的两道斑纹红色，其余蓝黑色。翅上翼斑为"刁"字形。雌鸟：头顶和上背灰色，其余为黑色。虹膜褐色；嘴黑色；脚黑色。

生活习性 主要栖息于中低海拔的雨林中，也见于阔叶混交林、针叶林。除繁殖季节多成对外，其他季节成小群活动，主要以昆虫为食。

分布状况 分布于西藏东南部及西南、华南、东南地区，包括海南。在九连山属留鸟，各地均有分布。易见。

保护级别 "三有"保护野生动物，江西省重点保护野生动物。

居留期记录
1月 2月 3月 4月 5月 6月 7月 8月 9月 10月 11月 12月

雌鸟
摄影：陈志高

雄鸟
摄影：陈志高

山椒鸟科 Campephagidae

145 暗灰鹃鵙
Lalage melaschistos
Black-winged Cuckoo-shrike

形态特征 体长20～24厘米。雄鸟：青灰色，两翼亮黑，尾下覆羽白色，尾羽黑色，三枚外侧尾羽的羽尖白色。雌鸟似雄鸟，但色浅，下体及耳羽具白色横斑，白色眼圈不完整，翼下通常具一小块白斑。虹膜红褐色；嘴黑色；脚铅蓝色。

生活习性 栖息于低山、平原、丘陵地带的开阔林地或林缘，也会在人工林、次生林等生境出现。多单独或成对活动。主要以昆虫为食，也吃少量植物果实和种子。

分布状况 分布于西藏东南部及华北、华中、华东、西南、华南等地区，包括海南、香港、台湾。在九连山属夏候鸟，各地均有分布。少见。

保护级别 "三有"保护野生动物。

居留期记录
| 1月 | 2月 | 3月 | 4月 | 5月 | 6月 | 7月 | 8月 | 9月 | 10月 | 11月 | 12月 |

雌鸟
摄影：陈志高

雄鸟
摄影：陈志高

钩嘴鵙科 Tephrodornithidae

146 褐背鹟鵙
Hemipus picatus
Bar-winged Flycatcher Shrike

形态特征 体长13~15厘米。雄鸟：头至上背黑色，背部黑褐色，翅上有宽阔的白色翼斑，腰白色，尾黑色呈楔形，外侧尾羽具白色端斑。上胸及其余下体淡褐色。雌鸟：似雄鸟，但雄鸟的黑色部分转为灰褐色，下体亦较淡。虹膜褐色；嘴黑色；脚黑色。

生活习性 栖息于中低海拔的山地阔叶林、雨林、针阔混交林中，也出现于林缘和灌丛。非繁殖季节喜欢成群活动在乔木中上层。主要以昆虫为食。

分布状况 分布于西藏东南部、云南西部及南部、广西西部、贵州南部和中部。在九连山属留鸟，2003年以前有记录，最近十五年未有发现记录。

保护级别 "三有"保护野生动物。

居留期记录
1月 2月 3月 4月 5月 6月 7月 8月 9月 10月 11月 12月

摄影：杜卿

摄影：杜卿

钩嘴鹀科 Tephrodornithidae

147 钩嘴林鹀
Tephrodornis virgatus
Large Woodshrike

形态特征 体长18～23厘米。雄鸟：头顶及颈背灰色，具黑色宽阔过眼纹，背棕灰色，腰及下体白色。雌鸟：头顶至后颈灰棕色，具黑褐色贯眼纹，其余似雄鸟。虹膜黄至褐色；嘴黑色；脚黑色。

生活习性 主要栖息于中低山森林及林缘地带。成对或结小群，性喧闹，穿飞于树顶。于飞行中捕捉被惊起的昆虫，偶尔也在地面觅食。主要以甲虫、蝉、蜂类等昆虫为食。

分布状况 分布于西南、华南、东南等地区。在九连山属留鸟，各地均有分布。少见。

保护级别 未列入。

居留期记录

1月 2月 3月 4月 5月 6月 7月 8月 9月 10月 11月 12月

雄鸟
摄影：陈志高

雌鸟
摄影：陈志高

鹎科 Pycnonotidae

148 领雀嘴鹎
Spizixos semitorques
Collared Finchbill

形态特征 体长17~24厘米。厚重的嘴象牙色，具短羽冠。额、喉及头顶前部黑色，头后和颈部逐渐转为深灰色，脸颊具白色细纹。前颈有一条白色颈环。上体暗橄榄绿色，下体橄榄黄色，尾黄绿色，端部具暗褐色斑。虹膜褐色；嘴浅黄色；脚偏粉色。

生活习性 主要栖息于低山丘陵、山脚平原的森林和灌丛地带，也出现在庭院、果园和村舍附近的灌丛与丛林中。多成群活动。食性较杂，主要以植物性食物为食，也吃少量昆虫。

分布状况 分布于长江流域及其以南地区和台湾。在九连山属留鸟，各地均有分布。常见。

保护级别 "三有"保护野生动物，江西省重点保护野生动物。

居留期记录

| 1月 | 2月 | 3月 | 4月 | 5月 | 6月 | 7月 | 8月 | 9月 | 10月 | 11月 | 12月 |

摄影：陈志高

摄影：陈志高

摄影：陈志高

鹎科 Pycnonotidae

149 黑冠黄鹎
Pycnonotus melanicterus
Black-crested Bulbul

形态特征　体长18～21厘米。头、喉及长羽冠黑色，上体橄榄黄绿色，下体橄榄黄色，翅黄绿色，边缘及飞羽染灰黑色，尾羽灰黑色。虹膜金黄色或淡黄色；嘴黑色，脚黑色。

生活习性　栖息于平原至高海拔的常绿阔叶林或灌木丛。常成对或成小群活动，兴奋时羽冠耸起。主要以植物果实等食物为食，偶尔也吃昆虫等动物性食物。

分布状况　分布于云南、广西、西藏东南部。在九连山属迷鸟，2003年以前有记录，近15年未有发现记录。

保护级别　未列入。

居留期记录

| 1月 | 2月 | 3月 | 4月 | 5月 | 6月 | 7月 | 8月 | 9月 | 10月 | 11月 | 12月 |

摄影：杜卿

摄影：杜卿

摄影：陈志高

鹎科 Pycnonotidae

150 红耳鹎
Pycnonotus jocosus
Red-whiskered Bulbul

形态特征 体长20～21厘米。黑色的羽冠长窄而前倾，黑白色的头部具红色耳斑。上体偏褐色，下体皮黄色，臀红色，尾端具白色羽缘。亚成鸟无红色耳斑，臀粉红色。虹膜褐色；嘴黑色；脚黑色。

生活习性 喜开阔林区、林缘、次生植被及村庄。吵嚷好动而喜群栖。喜栖于突出物上，常站在小树最高点鸣唱或"叽叽"叫。杂食性，但主要以植物性食物为主。

分布状况 分布于西藏东南部及西南、华南和东南地区，包括海南和台湾。在九连山属留鸟，各地均有分布。常见。

保护级别 "三有"保护野生动物，江西省重点保护野生动物。

居留期记录

| 1月 | 2月 | 3月 | 4月 | 5月 | 6月 | 7月 | 8月 | 9月 | 10月 | 11月 | 12月 |

摄影：陈志高

鹎科 Pycnonotidae

151 黄臀鹎

Pycnonotus xanthorrhous
Brown-breasted Bulbul

形态特征 体长19～21厘米。顶冠及颈背黑色。耳羽褐色，背、肩、腰至尾上覆羽褐色，两翅及尾羽暗褐色。颏、喉白色，下体污白色，胸褐色，具一条灰褐色胸带，两胁灰褐色，尾下覆羽金黄色。虹膜褐色；嘴黑色；脚黑色。

生活习性 主要栖息于低山丘陵和山脚平原次生阔叶林、混交林和林缘地带。除繁殖期外，其他季节均成群活动。主要以植物果实和种子为食，也吃昆虫等动物性食物。

分布状况 分布于长江流域、西南地区及东南沿海各地。在九连山属留鸟，各地均有分布。少见。

保护级别 "三有"保护野生动物，江西省重点保护野生动物。

居留期记录

| 1月 | 2月 | 3月 | 4月 | 5月 | 6月 | 7月 | 8月 | 9月 | 10月 | 11月 | 12月 |

摄影：陈志高

摄影：杜卿

鹎科 Pycnonotidae

152 白头鹎
Pycnonotus sinensis
Light-vented Bulbul

形态特征 体长17～22厘米。头顶黑色略具羽冠，眼后一白色宽纹伸至颈背。耳羽白色杂有黑色细纹，喉白色。上体橄榄色，两翅及尾橄榄绿色。下体偏白，臀白色。幼鸟头橄榄色，胸具灰色横纹。虹膜褐色；嘴黑色；脚黑色。

生活习性 主要栖息于低山丘陵和平原地区的灌木丛、林地、果园、农田、村庄等各种生境。除繁殖季节外，多成小群活动。食性较杂，既吃植物性食物也吃动物性食物。

分布状况 分布于陕西南部及华中、华南、西南地区，东南沿海地区，包括香港、台湾；偶见于河北和山东。在九连山属留鸟，各地均有分布。常见。

保护级别 "三有"保护野生动物，江西省重点保护野生动物。

居留期记录
1月 2月 3月 4月 5月 6月 7月 8月 9月 10月 11月 12月

成鸟
摄影：陈志高

亚成鸟
摄影：陈志高

鹎科 Pycnonotidae

153 白喉红臀鹎
Pycnonotus aurigaster
Sooty-headed Bulbul

形态特征 体长18～23厘米。头顶黑色，颏及头顶黑色，颏、上喉黑色，耳羽、腰、胸及腹部白色；两翼黑色；尾褐色，尾上覆羽白色。幼鸟臀偏黄色。虹膜红色；嘴黑色；脚黑色。

生活习性 栖息于低山丘陵和平原地带的次生阔叶林、竹林、灌丛及村庄附近的林缘地带。常成小群活动。食性较杂，但以植物性食物为主。

分布状况 分布于西南、华南地区及东南沿海地区。在九连山属留鸟，各地均有分布。少见。

保护级别 "三有"保护野生动物，江西省重点保护野生动物。

居留期记录

| 1月 | 2月 | 3月 | 4月 | 5月 | 6月 | 7月 | 8月 | 9月 | 10月 | 11月 | 12月 |

摄影：陈志高

摄影：陈志高

摄影：陈志高

鹎科 Pycnonotidae

154 绿翅短脚鹎
Ixos mcclellandii
Mountain Bulbul

形态特征 体长21～25厘米。羽冠栗褐色短而尖，杂有黄褐色细纹，颈背及上胸棕色，喉偏白色而具纵纹。背灰色，两翼及尾偏绿色。腹部及臀偏白色。虹膜褐色；嘴黑色；脚粉红色。

生活习性 栖息于山地森林，也见于溪流河畔或村寨附近的竹林、杂木丛中。常成小群活动。喜喧闹。主要以植物果实和种子为食，也吃部分昆虫。

分布状况 分布于西藏及西南、华南等地区，东南沿海地区。在九连山属留鸟，各地均有分布。易见。

保护级别 江西省重点保护野生动物。

居留期记录

1月 2月 3月 4月 5月 6月 7月 8月 9月 10月 11月 12月

摄影：陈志高

摄影：陈志高

摄影：陈志高

鹎科 Pycnonotidae

155 栗背短脚鹎
Hemixos castanonotus
Chestnut Bulbul

形态特征 体长20～22厘米。头顶黑色具羽冠，两翅及尾灰褐色，其余上体栗褐色。喉部、腹部白色，胸及两胁浅灰色。虹膜褐色；嘴深褐色；脚深褐色。

生活习性 栖息于低山丘陵地区的次生阔叶林、林缘灌丛及稀树草坡灌丛等生境。常成对或成小群活动。食性较杂，但以植物性食物为主，也吃动物性食物。

分布状况 分布于广西、湖南、江西、福建、广东、香港、台湾等地。在九连山属留鸟，各地均有分布。常见。

保护级别 江西省重点保护野生动物。

居留期记录

| 1月 | 2月 | 3月 | 4月 | 5月 | 6月 | 7月 | 8月 | 9月 | 10月 | 11月 | 12月 |

摄影：陈志高

摄影：陈志高

鹎科 Pycnonotidae

156 黑短脚鹎
Hypsipetes leucocephalus
Black Bulbul

形态特征 体长22～26厘米。全身黑色，尾略分叉，嘴、脚红色。部分亚种头部及上胸白色。亚成鸟偏灰，略具平羽冠。虹膜褐色；嘴红色；脚红色。

生活习性 主要栖息于次生林、阔叶林、常绿阔叶林和针叶林及其林缘地带。常单独或成小群活动，冬季于中国南方可见到数百只的大群。主要以昆虫等动物性食物为食，也吃植物果实、种子等。

分布状况 分布于长江流域及其以南各地区。在九连山属留鸟，各地均有分布。常见。

保护级别 "三有"保护野生动物，江西省重点保护野生动物。

居留期记录

| 1月 | 2月 | 3月 | 4月 | 5月 | 6月 | 7月 | 8月 | 9月 | 10月 | 11月 | 12月 |

亚成鸟
摄影：陈志高

白头型
摄影：陈志高

叶鹎科 Chloropseidae

157 橙腹叶鹎
Chloropsis hardwickii
Orange-bellied Leafbird

形态特征 体长17～20厘米。雄鸟：额至头顶黄绿色，上体绿色，下体浓橘黄色，脸罩及胸兜黑色，髭纹蓝色，两翼及尾蓝色。雌鸟：似雄鸟，但雄鸟黑色的部分消失，体色多为绿色，腹中央具一道狭窄的赭石色条带。虹膜褐色；嘴黑色；脚灰色。

生活习性 主要栖息于低山丘陵和山脚平原地带的森林中，尤以次生阔叶林、常绿阔叶林和针阔混交林中常见。常成对或成几只小群活动。主要以昆虫为食，也吃部分植物果实和种子。

分布状况 分布于西藏、云南、广西、广东、江西、福建、香港、海南等地。在九连山属留鸟，各地均有分布。少见。

保护级别 "三有"保护野生动物，江西省重点保护野生动物。

居留期记录

| 1月 | 2月 | 3月 | 4月 | 5月 | 6月 | 7月 | 8月 | 9月 | 10月 | 11月 | 12月 |

雌鸟
摄影：陈志高

雄鸟
摄影：陈志高

伯劳科 Laniidae

158 红尾伯劳
Lanius cristatus
Brown Shrike

形态特征 体长19～21厘米。雄鸟：头顶淡灰色或红棕色，眉纹白色，黑色前额和黑色贯眼纹相连；上体褐色，尾上覆羽棕红色，楔形尾羽棕褐色；颏、喉白色，其余下体皮黄色。雌鸟：胸、胁具暗色横斑，贯眼纹黑褐色，其余似雄鸟。虹膜褐色；嘴黑色；脚灰黑色。

生活习性 栖息于低山丘陵和山脚平原地带的灌丛、疏林和开阔耕地。多单独或成对活动。主要以昆虫等动物性食物为食，偶尔也吃少量种子。

分布状况 分布于东北、华北、华中、西南、华南、东南等地区及海南。在九连山属夏候鸟，各地均有分布。少见。

保护级别 "三有"保护野生动物，江西省重点保护野生动物。

居留期记录

1月 2月 3月 4月 5月 6月 7月 8月 9月 10月 11月 12月

雌鸟
摄影：陈志高

雄鸟
摄影：陈志高

雌鸟
摄影：陈志高

伯劳科 Laniidae

159 棕背伯劳
Lanius schach
Long-tailed Shrike

形态特征 体长25～28厘米。成鸟：头顶至后颈和上背灰色，额、贯眼纹、两翼及尾黑色，翼有一白色斑，喉、胸、腹部中心白色。肩、下背、腰、尾上覆羽及两胁棕色。亚成鸟色较暗，两胁及背具横斑。黑色型羽色以黑褐色为主，无白色翼斑。虹膜褐色；嘴黑色；脚黑色。

生活习性 主要栖息于低山丘陵和山脚平原地区。除繁殖季节成对外，多单独活动。主要以昆虫等动物性食物为食。

分布状况 分布于西南、华中、华南等地区及东南沿海地区和台湾。在九连山属留鸟，各地均有分布。常见。

保护级别 "三有"保护野生动物，江西省重点保护野生动物。

居留期记录
1月 2月 3月 4月 5月 6月 7月 8月 9月 10月 11月 12月

黑色型
摄影：陈志高

摄影：陈志高

伯劳科 Laniidae

160 牛头伯劳
Lanius bucephalus
Bull-headed Shrike

形态特征 体长19～23厘米。雄鸟：过眼纹黑色，眉纹白色，冬季头顶至后颈栗红色，夏季稍淡。两翼偏黑色，有白色翼斑。背及尾上覆羽灰褐色，下颊、喉棕白色，其余下体淡棕色，具暗色鳞纹。雌鸟：似雄鸟，但无贯眼纹，仅眼后有一宽的栗褐色横纹，头部褐色较重，胸部和腹部的横斑更明显。虹膜褐色；嘴灰黑色；脚灰黑色。

生活习性 喜次生植被及耕地。西至四川、华东及华南。

分布状况 分布于东北、华北、华东、华中、华南、东南地区。在九连山属冬候鸟，各地均有分布。少见。

保护级别 "三有"保护野生动物，江西省重点保护野生动物。

居留期记录

1月 2月 3月 4月 5月 6月 7月 8月 9月 10月 11月 12月

雄鸟
摄影：陈志高

雌鸟
摄影：陈志高

黄鹂科 Oriolidae

161 黑枕黄鹂
Oriolus chinensis
Black-naped Oriole

雄鸟
摄影：陈志高

形态特征 体长23～26厘米。雄鸟：过眼纹及颈背黑色，飞羽及尾羽黑色。体羽余部艳黄色。雌鸟：似雄鸟，色较暗淡，背橄榄黄色，贯眼纹不明显。亚成鸟背部橄榄色，下体近白而具黑色纵纹。虹膜红褐色；嘴粉红色；脚铅蓝色。

生活习性 栖息于开阔林、人工林、园林、村庄等树林中。单独或成对活动。主要以昆虫为食，偶尔吃植物果实和种子。

分布状况 除新疆、西藏、青海外，见于全国各地。九连山各地均有分布，夏候鸟。少见。

保护级别 "三有"保护野生动物，江西省重点保护野生动物。

居留期记录

| 1月 | 2月 | 3月 | 4月 | 5月 | 6月 | 7月 | 8月 | 9月 | 10月 | 11月 | 12月 |

雄鸟
摄影：陈志高

亚成鸟
摄影：陈志高

卷尾科 Dicruridae

162 黑卷尾
Dicrurus macrocercus
Black Drongo

形态特征 体长26～31厘米。体羽蓝黑色，具辉光。尾长而又深，在风中常上举成一奇特角度。亚成鸟下体下部具近白色横纹。虹膜红色；嘴黑色；脚黑色。

生活习性 主要栖息于低山丘陵和平原地带。多成对或成小群活动。栖于开阔地区，常立在小树或电线上。主要以蝗虫、甲虫、蜻蜓等昆虫为食。

分布状况 除新疆、青海外，分布于全国各地。在九连山属夏候鸟，各地均有分布。易见。

保护级别 "三有"保护野生动物，江西省重点保护野生动物。

居留期记录
1月 2月 3月 4月 5月 6月 7月 8月 9月 10月 11月 12月

摄影：陈志高

摄影：陈志高

卷尾科 Dicruridae

163 灰卷尾
Dicrurus leucophaeus
Ashy Drongo

形态特征 体长25～32厘米。脸偏白,上体和喉大致为灰色,下体羽色较淡,随不同的亚种体色差异很大。鼻羽及前额黑色,眼先及两颊白色。尾长而深开叉。虹膜橙红色;嘴灰黑色;脚黑色。

生活习性 主要栖息于山地森林中,尤以低山丘陵和山脚平原地带的疏林和次生林及阔叶林较常见。常单独或成对活动,主要以昆虫为食,偶尔也吃植物性食物。

分布状况 分布于华北、华中、西南、华南等地区,东南沿海地区及台湾。在九连山属夏候鸟,各地均有分布。少见。

保护级别 "三有"保护野生动物,江西省重点保护野生动物。

居留期记录
1月 2月 3月 4月 5月 6月 7月 8月 9月 10月 11月 12月

摄影:陈志高

摄影:林剑声

摄影：杜卿

卷尾科 Dicruridae

164 发冠卷尾
Dicrurus hottentottus
Hair-crested Drongo

形态特征 体长29～35厘米。体羽黑天鹅绒色。头具细长丝状羽冠，体羽斑点闪烁。尾长而分叉，外侧羽端钝而上翘形似竖琴。虹膜红色或白色；嘴黑色；脚黑色。

生活习性 主要栖息于中低海拔山地森林及其林缘地带。常单独或成对活动。主要以昆虫为食，偶尔也吃少量植物果实、种子、叶和芽。

分布状况 分布于华北、华中、西南、华南等地区及东南沿海地区。在九连山属夏候鸟，各地均有分布。少见。

保护级别 "三有"保护野生动物，江西省重点保护野生动物。

居留期记录

1月 2月 3月 4月 5月 6月 7月 8月 9月 10月 11月 12月

摄影：林剑声

椋鸟科 Sturnidae

165 灰背椋鸟
Sturnia sinensis
White-shouldered Starling

形态特征 体长18～20厘米。雄鸟：额和头顶及喉污白色，其余头部、背及胸深灰色，有时微沾灰色；腰和尾上覆羽紫蓝色，飞羽黑色，有大的白斑，尾暗褐色，端白色。雌鸟：头和背均为深灰色，白肩斑较小，其余似雄鸟。虹膜蓝白色；嘴灰色；脚灰色。

生活习性 主要栖息于低山丘陵、平原等开阔地区。常成群活动。主要以植物果实和昆虫为食。

分布状况 分布于西南、华南、东南等地区及台湾。在九连山属夏候鸟，各地均有分布。少见。

保护级别 "三有"保护野生动物。

居留期记录

1月 2月 3月 **4月** **5月** **6月** **7月** **8月** **9月** **10月** 11月 12月

雄鸟
摄影：陈志高

椋鸟科 Sturnidae

166 丝光椋鸟
Spodiopsar sericeus
Silky Starling

形态特征 体长24厘米。两翼及尾辉黑色，飞行时初级飞羽的白斑明显，头具近白色丝状羽，上体余部灰色。虹膜黑色；嘴红色，嘴端黑色；脚暗橘黄色。

生活习性 迁徙时成大群。在农田及果园并不罕见，

高可至海拔800米。

分布状况 留鸟分布于华南及东南的大部地区包括台湾、海南；冬季分散至越南北部及菲律宾。在九连山属留鸟，各地均有分布。少见。

保护级别 "三有保护野生动物"，江西省重点保护野生动物。

居留期记录

1月 2月 3月 4月 5月 6月 7月 8月 9月 10月 11月 12月

雌鸟
摄影：陈志高

雄鸟
摄影：陈志高

棕鸟科 Sturnidae

167 黑领椋鸟
Gracupica nigricollis
Black-collared Starling

形态特征 体长28～29厘米。头及下体白色，眼周裸露皮肤黄色。颈环及上胸黑色；背及两翼黑色，翼缘白色；尾黑色而尾端白色。幼鸟无黑色颈环。虹膜黄色；嘴黑色；脚绿黄色。

生活习性 主要栖息于低山丘陵、平原、草地、农田等开阔地带。成对或成小群活动。主要以昆虫、蚯蚓为食，也吃植物果实和种子。

分布状况 分布于西南地区南部和华南地区。在九连山属留鸟，各地均有分布。少见。

保护级别 "三有"保护野生动物。

居留期记录

| 1月 | 2月 | 3月 | 4月 | 5月 | 6月 | 7月 | 8月 | 9月 | 10月 | 11月 | 12月 |

摄影：陈志高

摄影：陈志高

椋鸟科 Sturnidae

168 八哥
Acridotheres cristatellus
Crested Myna

形态特征　体长25～27厘米。全身黑色，冠羽突出，两翅有大型白斑，尾端有狭窄的白色，尾下覆羽具黑色及白色横纹。幼鸟似成鸟，羽色较淡，冠羽较短。虹膜橘黄色；嘴浅黄色，嘴基红色；脚暗黄色。

生活习性　主要栖息于丘陵、平原、农耕地、居民区、城市公园等生境中。多成群活动。主要以昆虫和植物果实为食。

分布状况　分布于华中、西南、华南、东南等地区及香港、海南、台湾。在九连山属留鸟，各地均有分布。易见。

保护级别　"三有"保护野生动物。

居留期记录
| 1月 | 2月 | 3月 | 4月 | 5月 | 6月 | 7月 | 8月 | 9月 | 10月 | 11月 | 12月 |

成鸟
摄影：陈志高

亚成鸟
摄影：陈志高

鸦科 Corvidae

169 松鸦
Garrulus glandarius
Eurasian Jay

形态特征 体长28～35厘米。全身大致为粉褐色，翼上具黑色及蓝色镶嵌图案，腰白色。髭纹黑色。飞行时两翼显得宽圆。虹膜浅褐色；嘴灰色；脚肉棕色。

生活习性 主要栖息于低山丘陵和平原地带的阔叶林、针叶林和针阔混交林中。常成小群活动。繁殖季节主要以动物性食物为食，其他季节以植物性食物为食，也吃部分昆虫。

分布状况 分布于除青藏高原、新疆盆地和内蒙古草原外的其他地区。在九连山属留鸟，各地均有分布。少见。

保护级别 未列入。

居留期记录
1月 2月 3月 4月 5月 6月 7月 8月 9月 10月 11月 12月

摄影：陈志高

摄影：陈志高

鸦科 Corvidae

170 红嘴蓝鹊
Urocissa erythrorhyncha
Red-billed Blue Magpie

形态特征 体长65～68厘米。头和胸黑色，枕部有一大白斑。上体蓝灰色，下胸以下白色。尾蓝色，特别长。虹膜橘红色；嘴红色；脚红色。

生活习性 主要栖息于山地和林地的各种生境中。常成小群活动。主要以昆虫和植物果实和种子为食。

分布状况 分布于辽宁西部及华北及西北东南部、西南、华中、华南、东南等地区。在九连山属留鸟，各地均有分布。常见。

保护级别 "三有"保护野生动物，江西省重点保护野生动物。

居留期记录

| 1月 | 2月 | 3月 | 4月 | 5月 | 6月 | 7月 | 8月 | 9月 | 10月 | 11月 | 12月 |

摄影：陈志高

摄影：陈志高

鸦科 Corvidae

171 喜鹊
Pica pica
Common Magpie

形态特征 体长40～51厘米。头、颈、胸和上体蓝黑色并具金属光泽，腹、肩、初级飞羽白色。虹膜褐色；嘴黑色；脚黑色。

生活习性 适应性强，见于各种生境。常成对或成群活动。食性杂，繁殖期主要以昆虫为食，其他季节主要以植物果实和种子为食。

分布状况 分布于全国各省。该鸟曾有记录在九连山为留鸟，最近15年未有发现记录。

保护级别 "三有"保护野生动物，江西省重点保护野生动物。

居留期记录

| 1月 | 2月 | 3月 | 4月 | 5月 | 6月 | 7月 | 8月 | 9月 | 10月 | 11月 | 12月 |

摄影：杜卿

摄影：杜卿

摄影：陈志高

鸦科 Corvidae

172 灰树鹊
Dendrocitta formosae
Grey Treepie

形态特征 体长31～39厘米。前额、颏、喉黑色，头顶至后枕及上胸暗灰色，上背褐色，下背浅灰色。下体灰色，臀部棕色，具甚长的楔形尾。两翼黑色，初级飞羽基部具白色斑块。虹膜红褐色；嘴黑色；脚黑色。

生活习性 栖息于山地森林。常成对或成小群活动。主要以植物果实和种子为食，也吃昆虫等动物性食物。

分布状况 分布于西南、华南、东南等地区及台湾。在九连山属留鸟，各地均有分布。常见。

保护级别 "三有"保护野生动物。

居留期记录

| 1月 | 2月 | 3月 | 4月 | 5月 | 6月 | 7月 | 8月 | 9月 | 10月 | 11月 | 12月 |

摄影：陈志高

鸦科 Corvidae

173 秃鼻乌鸦
Corvus frugilegus
Rook

形态特征 体长45～50厘米。全身羽毛黑色，具金属光泽；嘴长而尖，嘴基部裸露皮肤浅灰白色。虹膜深褐色；嘴黑色；脚黑色。

生活习性 主要栖息于低山丘陵和平原地区。常结大群活动。主要以垃圾、腐肉、昆虫和植物种子为食。

分布状况 过去曾常见，现数量已大为下降。分布于新疆西部及东北、华东、华中等地区，东南沿海及台湾、海南。在九连山属留鸟，2003年以前有记录，最近15年未有发现记录。

保护级别 "三有"保护野生动物。

居留期记录

1月 2月 3月 4月 5月 6月 7月 8月 9月 10月 11月 12月

摄影：杜卿

摄影：杜卿

鸦科 Corvidae

174 大嘴乌鸦
Corvus macrorhynchos
Large-billed Crow

形态特征 体长48～57厘米。全身黑色，具金属光泽，额陡突，嘴甚粗厚，嘴锋弯曲幅度大。虹膜褐色；嘴黑色；脚黑色。

生活习性 主要栖息于平原、山地等各种森林类型中。除繁殖期成对生活外，其他季节多成群活动。主要以昆虫、腐肉和植物果实、种子为食。

分布状况 分布于除西北地区外的全国大部地区。在九连山属留鸟，2003年以前有记录，最近15年未有发现记录。

保护级别 未列入。

居留期记录

| 1月 | 2月 | 3月 | 4月 | 5月 | 6月 | 7月 | 8月 | 9月 | 10月 | 11月 | 12月 |

摄影：杜卿

摄影：杜卿

鸦科 Corvidae

175 白颈鸦
Corvus pectoralis
Collared Crow

形态特征 体长43～55厘米。嘴粗厚，颈背及胸带白色，其余均为黑色。虹膜深褐色；嘴黑色；脚黑色。

生活习性 主要栖于低山、丘陵、平原、耕地、城镇及村庄。除繁殖季节外，多成群活动。食性杂，主要以腐肉、昆虫、植物种子等为食。

分布状况 分布于华北、华中、西南、华南、东南等地区及台湾。在九连山属留鸟，2003年以前有记录，最近15年未有发现记录。

保护级别 未列入。

居留期记录
| 1月 | 2月 | 3月 | 4月 | 5月 | 6月 | 7月 | 8月 | 9月 | 10月 | 11月 | 12月 |

摄影：林剑声

摄影：杜卿

摄影：陈志高

河乌科 Cinclidae

176 褐河乌
Cinclus pallasii
Brown Dipper

形态特征 体长19～23厘米。通体暗褐色，有时眼上的白色小块斑明显。虹膜褐色；嘴深褐色；脚深褐色。

生活习性 栖息于山区溪流和河谷沿岸。单独或成对活动。觅食时多潜入水中。主要以鳞翅目、毛翅目等昆虫为食，也吃小鱼、虾和小型软体动物。

分布状况 除海南外，见于全国各地。在九连山属留鸟，各地均有分布。易见。

保护级别 未列入。

居留期记录

1月 2月 3月 4月 5月 6月 7月 8月 9月 10月 11月 12月

摄影：杜卿

鸫科 Turdidae

177 白眉地鸫
Geokichla sibirica
Siberian Thrush

形态特征 体长21～23厘米。雄鸟：通体石板灰黑色，眉纹白色，腹部、尾下覆羽、尾羽羽端均白色。雌鸟：眉纹污白色，上体橄榄褐色，眉纹、颏、喉及下体黄白色，胸及两肋具褐色横斑。虹膜褐色；嘴黑色；脚黄色。

生活习性 主要栖息于森林地面及林缘灌丛中。常单独或成对活动。迁徙时亦结小群。主要以昆虫为食，也吃其他小型无脊椎动物和少量植物果实和种子。

分布状况 指名亚种繁殖于东北地区及内蒙古东北部；迁徙或越冬除宁夏、新疆、西藏、青海外见于全国各地；华南亚种为旅鸟，仅于迁徙期间见于江苏、福建、贵州、广西。在九连山属旅鸟，各地均有分布。少见。

保护级别 "三有"保护野生动物。

居留期记录

1月 2月 3月 **4月** **5月** 6月 7月 8月 **9月** **10月** 11月 12月

雄鸟
摄影：杜卿

雄鸟
摄影：林剑声

鸫科 Turdidae

178 橙头地鸫
Geokichla citrina
Orange-headed Thrush

形态特征 体长18~22厘米。雄鸟：头顶至上背橙栗色，其余上体蓝灰色或橄榄灰色，两翅黑褐色具白色翼斑（云南亚种除外）；颊及喉黄白色，胸、上腹及两胁淡橙栗色，腹至尾下覆羽白色，脸部具两条平行的黑纹。雌鸟：头部及下体羽色较雄鸟淡，上体橄榄褐色或橄榄灰色，其余似雄鸟。虹膜褐色；嘴黑褐色；脚肉色。

生活习性 主要栖息于茂密的阔叶林中。常单独或成对活动。主要以昆虫为食，也吃植物果实和种子。

分布状况 分布于西南、华南、东南等地区及海南。在九连山属旅鸟，各地均有分布。少见。

保护级别 未列入。

居留期记录

| 1月 | 2月 | 3月 | 4月 | 5月 | 6月 | 7月 | 8月 | 9月 | 10月 | 11月 | 12月 |

摄影：陈志高

摄影：陈志高

鸫科 Turdidae

179 虎斑地鸫
Zoothera aurea
White's Thrush

形态特征 体长28～31厘米。上体褐色，下体白色，黑色及金皮黄色的羽缘使其通体满布鳞状斑纹。虹膜褐色；嘴深褐色；脚肉色。

生活习性 主要栖息于山地森林中。常单独或成对活动。地栖性。主要以昆虫和无脊椎动物为食，也吃少量植物果实和种子。

分布状况 繁殖于内蒙古东北部、东北地区及青海藏南地区；越冬于西南、华南、东南等地区及台湾。在九连山属冬候鸟，各地均有分布。少见。

保护级别 "三有"保护野生动物。

居留期记录

1月 2月 3月 4月 5月 6月 7月 8月 9月 10月 11月 12月

摄影：杜卿

摄影：陈志高

鸫科 Turdidae

180 灰背鸫
Turdus hortulorum
Grey-backed Thrush

形态特征 体长20～23厘米。雄鸟：上体灰色，两翅及尾黑褐色，颏、喉灰白色，胸灰色，两胁及翼下覆羽橙栗色，腹白色。雌鸟：上体橄榄褐色，喉及胸白具黑色点斑，两胁橙红色，腹部白色。虹膜褐色；嘴黄褐色（雄鸟）或褐色（雌鸟）；脚肉黄色。

生活习性 主要栖息于低山丘陵地带的次生阔叶林中。地栖性。主要以昆虫为食，也吃蚯蚓等其他动物和植物果实与种子。

分布状况 繁殖于东北地区东南部；越冬于华中、华南地区和东南部分地区。在九连山属冬候鸟，各地均有分布。易见。

保护级别 "三有"保护野生动物。

居留期记录
1月 2月 3月 4月 5月 6月 7月 8月 9月 10月 11月 12月

雌鸟
摄影：陈志高

雄鸟
摄影：陈志高

鸫科 Turdidae

181 乌灰鸫
Turdus cardis
Japanese Thrush

形态特征 体长20～23厘米。雄鸟：上体黑灰色，头及上胸黑色，下体余部白色，腹部及两肋具黑色点斑。雌鸟：上体灰褐色，下体白色，上胸具偏灰色的横斑，胸侧及两肋沾赤褐，胸及两侧具黑色点斑。幼鸟褐色较浓，下体多赤褐色。虹膜褐色；嘴黄色（雄鸟），近黑色（雌鸟）；脚肉色。

生活习性 主要栖息于中低海拔的森林和灌丛中。甚羞怯，常单独或成对活动。主要以昆虫为食，也吃植物果实和种子。

分布状况 国内繁殖于河南南部、湖北、安徽及贵州。迁徙时见于华中、华南、东南、海南和台湾。在九连山属冬候鸟。少见。

保护级别 "三有"保护野生动物。

居留期记录
1月 2月 3月 4月 5月 6月 7月 8月 9月 10月 11月 12月

雄鸟
摄影：林剑声

雌鸟
摄影：陈志高

雌鸟
摄影：林剑声

鹟科 Turdidae

182 乌鸫
Turdus mandarinus
Chinese Blackbird

形态特征 体长26～28厘米。雄鸟：通体黑色，嘴和眼圈橘黄色。雌鸟：上体黑褐色，两翅和尾黑色，嘴暗绿黄色至黑色。颊部及下体较淡沾锈色，喉皮黄色，均具暗色纵纹。虹膜褐色；嘴橙黄色或黑色；脚黑褐色。

生活习性 主要栖息于林缘疏林、平原草地、农田、果园和村庄边缘等各种生境中。多单独或成对活动，亦会成小群。主要以昆虫为食，也吃无脊椎动物、植物果实和种子。

分布状况 主要分布于西部、西南部、南部、东南部等地区包括海南。在九连山属留鸟，各地均有分布。易见。

保护级别 未列入。

居留期记录

1月 2月 3月 4月 5月 6月 7月 8月 9月 10月 11月 12月

幼鸟
摄影：陈志高

雄鸟
摄影：陈志高

雌鸟
摄影：陈志高

鸫科 Turdidae

183 白腹鸫
Turdus pallidus
Pale Thrush

形态特征　体长21～24厘米。腹部及臀白色。雄鸟：头顶灰褐色，背至尾上覆羽和翅覆羽橄榄褐色，初级飞羽和覆羽及尾羽灰褐色，最外侧两对尾羽具白端；颊及喉灰色，胸及两胁灰褐色，其余下体白色沾褐色。雌鸟：头顶褐色，喉白色而略具细纹；初级飞羽及覆羽为褐色，其余似雄鸟。虹膜褐色；上嘴灰色，下嘴黄色；脚黄色。

生活习性　繁殖期主要栖息于针阔混交林及林缘地带。秋冬季主要栖息于低山丘陵和平原地带的林缘、耕地和道路旁边的次生林中。常单独或成对活动。主要以昆虫为食，也吃其他小型无脊椎动物和植物果实与种子。

分布状况　繁殖于东北地区及新疆东北部，迁徙和越冬期间见于全国各地。在九连山属冬候鸟，各地均有分布。少见。

保护级别　"三有"保护野生动物。

居留期记录

| 1月 | 2月 | 3月 | 4月 | 5月 | 6月 | 7月 | 8月 | 9月 | 10月 | 11月 | 12月 |

雄鸟
摄影：陈志高

雌鸟
摄影：杜卿

雄鸟
摄影：林剑声

鸫科 Turdidae

184 斑鸫
Turdus eunomus
Dusky Thrush

形态特征 体长20～24厘米。雄鸟：头顶至枕黑褐色，具浅棕色羽缘，眉纹、颊、喉棕白色，耳羽黑褐色，背栗褐色，两翼具红棕色羽缘，尾黑褐色具棕栗色羽缘，胸及两胁黑褐色具棕白色羽缘，腹部白色。雌鸟：体褐色较暗淡，其余似雄鸟。虹膜褐色；上嘴偏黑色，下嘴偏黄色；脚褐色。

生活习性 主要栖息于低山丘陵及平原地带的林缘、疏林、草地、田野等生境中。除繁殖季节外，多成群活动。主要以昆虫为食，也吃植物果实和种子。

分布状况 除西藏外见于全国各地。在九连山属冬候鸟，各地均有分布。少见。

保护级别 "三有"保护野生动物。

居留期记录
1月 2月 3月 4月 5月 6月 7月 8月 9月 10月 11月 12月

雌鸟
摄影：陈志高

雄鸟
摄影：陈志高

鸫科 Turdidae

185 白眉鸫
Turdus obscurus
Eyebrowed Thrush

形态特征 体长21～23厘米。雄鸟：头、颈灰褐色，具长而显著的白色眉纹，眼下有一白斑；上体橄榄褐色，胸和两胁橙黄色，腹和尾下覆羽白色。雌鸟：体色较暗淡，喉白色而具褐色条纹，其余似雄鸟。虹膜褐色；上嘴褐色，下嘴基部黄色；脚黄色。

生活习性 繁殖期间主要栖息于海拔较高的森林中，迁徙和越冬期间见于低山丘陵及平原地区的常绿阔叶林、果园和农田地带。常单独或成对活动，迁徙季节亦成群。主要以昆虫为食，也吃其他小型无脊椎动物和植物果实与种子。

分布状况 繁殖于东北地区及内蒙古东北部；迁徙和越冬期间见于长江以南各地。在九连山属冬候鸟，部分为旅鸟，各地均有分布。少见。

保护级别 未列入。

居留期记录

1月	2月	3月	4月	5月	6月	7月	8月	9月	10月	11月	12月

雌鸟
摄影：杜卿

摄影：陈志高

雌鸟
摄影：陈志高

林鹛科 Timaliidae

186 华南斑胸钩嘴鹛
Erythrogenys swinhoei
Grey-sided Scimitar Babbler

形态特征 体长22～26厘米。嘴长而向下弯曲，头顶橄榄褐色具粗著黑褐色纵纹，额、眉纹、耳羽、背及翼覆羽赤栗色，其余上体棕褐色。喉及其余下体灰白色，两胁灰色，尾下覆羽桂红色，胸具黑色粗著的点斑或纵纹。虹膜绿白色；嘴褐色；脚肉褐色。

生活习性 主要栖息于灌丛、矮树林、竹林及林缘地带。多单独或成小群活动。主要以昆虫为食，也吃植物果实、种子和草籽。

分布状况 分布于安徽南部、湖南南部、江西、浙江、福建、广东、广西。在九连山属留鸟，各地均有分布。易见。

保护级别 未列入。

居留期记录
1月 2月 3月 4月 5月 6月 7月 8月 9月 10月 11月 12月

摄影：陈志高

摄影：陈志高

摄影：陈志高

林鹛科 Timaliidae

187 棕颈钩嘴鹛
Pomatorhinus ruficollis
Streak-breasted Scimitar Babbler

形态特征 体长16～19厘米。是我国体型最小的钩嘴鹛，嘴细长而向下弯曲，具白色的长眉纹，贯眼纹黑色，上体棕褐色或栗棕色，后枕栗红色，喉、胸白色，胸具栗色或黑色纵纹，其余下体橄榄褐色。虹膜褐色；上嘴黑色，下嘴黄色；脚铅褐色。

生活习性 栖息于低山丘陵和山脚平原地带的阔叶林、次生林、竹林和林缘灌木丛中。常单独、成对或成小群活动。主要以昆虫为食，也吃植物果实和种子。

分布状况 广泛分布于秦岭以南的广大地区，包括海南。在九连山属留鸟，各地均有分布。易见。

保护级别 未列入。

居留期记录
1月 2月 3月 4月 5月 6月 7月 8月 9月 10月 11月 12月

摄影：陈志高

摄影：陈志高

林鹛科 Timaliidae

188 红头穗鹛
Cyanoderma ruficeps
Rufous-capped Babbler

形态特征 体长10～12厘米。顶冠棕红色，上体暗灰橄榄色，眼先暗黄色，喉、胸及头侧沾黄色，喉具黑色细纹，下体浅黄色。虹膜红色；上嘴近黑色，下嘴较淡；脚棕绿色。

生活习性 主要栖息于山地和山脚平原的各类森林、竹林和灌丛、草丛中。常单独或成对活动，也成小群与灰眶雀鹛或其他莺类混群。主要以昆虫为食，也吃植物果实和种子。

分布状况 分布于陕西南部、四川、贵州、云南、西藏、长江流域及其以南各地，包括台湾。在九连山属留鸟，各地均有分布。易见。

保护级别 未列入。

居留期记录

1月 2月 3月 4月 5月 6月 7月 8月 9月 10月 11月 12月

成鸟
摄影：陈志高

成鸟
摄影：陈志高

幼鸟
摄影：陈志高

摄影：杜卿

林鹛科 Timaliidae

189 红顶鹛
Timalia pileata
Chestnut-capped Babbler

形态特征 体长16～18厘米。头顶棕栗色，具白色的短眉纹。耳羽、颈侧及胸侧蓝灰色，上体橄榄褐色沾棕色。颊、颏、喉及胸白色，下喉和胸具不明显黑色纵纹，其余下体茶褐色。虹膜栗色；嘴黑色；脚灰黄色。

生活习性 主要栖息于低山、丘陵和较开阔灌丛地带的浓密林下植被、草丛及矮树林中。除繁殖期单独或成对活动外，其他季节多成小群活动。主要以昆虫为食。

分布状况 分布于云南西南部和南部、贵州南部、广西、广东、江西等地。在九连山属留鸟，各地均有分布。少见。

保护级别 未列入。

居留期记录
1月 2月 3月 4月 5月 6月 7月 8月 9月 10月 11月 12月

摄影：杜卿

噪鹛科 Leiothrichidae

190 黑脸噪鹛
Garrulax perspicillatus
Masked Laughingthrush

形态特征 体长27~32厘米。头顶至后枕褐灰色，额及眼罩黑色，上体暗褐色。颏、喉和上胸褐灰色，下胸和腹棕白色，尾下覆羽棕黄色。虹膜褐色；嘴近黑色，嘴端较淡；脚红褐色。

生活习性 主要栖息于低山丘陵和平原地带。常成对或结小群活动于浓密灌丛、竹丛、芦苇地、田地及城镇公园。性喧闹。杂食性，主要以昆虫为食，也吃其他无脊椎动物、植物果实、种子和农作物。

分布状况 分布于西南、华中、华南、东南等地区。在九连山属留鸟，各地均有分布。少见。

保护级别 "三有"保护野生动物。

居留期记录
1月 2月 3月 4月 5月 6月 7月 8月 9月 10月 11月 12月

摄影：陈志高

摄影：陈志高

噪鹛科 Leiothrichidae

191 小黑领噪鹛
Garrulax monileger
Lesser Necklaced Laughingthrush

形态特征 体长27～29厘米。上体棕橄榄褐色，后颈栗棕色；白色眉纹细长，耳羽灰白色，黑色贯眼纹延伸至颈侧并向下与耳羽黑色下缘和黑色胸带相连；外侧尾羽具黑色次端斑及白色端斑（指名亚种）或棕色端斑（华南亚种）。下体白色，胸及两胁沾棕色。虹膜黄色；嘴黑色；脚蓝灰色。

生活习性 主要栖息于低山丘陵和山脚平原地带的阔叶林、竹林和灌木丛中。群栖而吵嚷，有时与其他噪鹛包括黑领噪鹛混群。主要以昆虫为食，也吃植物果实和种子。

分布状况 分布于云南，华南地区，东南沿海地区及海南。在九连山属留鸟，各地均有分布。少见。

保护级别 "三有"保护野生动物。

居留期记录

1月 2月 3月 4月 5月 6月 7月 8月 9月 10月 11月 12月

摄影：陈志高

摄影：陈志高

噪鹛科 Leiothrichidae

192 黑领噪鹛
Garrulax pectoralis
Greater Necklaced Laughingthrush

形态特征 体长27～34厘米。似小黑领噪鹛，但区别主要在眼先棕白色，耳羽黑色而杂有白纹，颊纹和胸带黑色较显著。虹膜棕色；上嘴黑色，下嘴基黄色；脚铅灰色。

生活习性 主要栖息于低山丘陵、山脚平原地带的阔叶林、竹林和灌木丛中。吵嚷群栖，取食多在地面。与其他噪鹛包括相似的小黑领噪鹛混群。主要以昆虫为食。

分布状况 分布于甘肃东南部、陕西南部、西南、华南、华中等地区，东南沿海、海南。在九连山属留鸟，各地均有分布。易见。

保护级别 "三有"保护野生动物。

居留期记录

1月 2月 3月 4月 5月 6月 7月 8月 9月 10月 11月 12月

摄影：陈志高

摄影：陈志高

噪鹛科 Leiothrichidae

193 画眉
Garrulax canorus
Hwamei

形态特征 体长21～24厘米。通体棕褐色，眼圈白色向眼后延伸成狭窄的眉纹。顶冠及颈背有偏黑色纵纹。虹膜黄色；嘴黄绿色；脚粉褐色。

生活习性 栖息于灌丛及次生林中。常单独或成对活动，偶尔也成小群。惧生，主要以昆虫为食，也吃植物果实和种子。

分布状况 分布于华中、西南、华南、东南等地区。在九连山属留鸟，各地均有分布。易见。

保护级别 "三有"保护野生动物，江西省重点保护野生动物。

居留期记录

| 1月 | 2月 | 3月 | 4月 | 5月 | 6月 | 7月 | 8月 | 9月 | 10月 | 11月 | 12月 |

摄影：陈志高

摄影：陈志高

噪鹛科 Leiothrichidae

194 白颊噪鹛
Garrulax sannio
White-browed Laughingthrush

形态特征 体长20～25厘米。前额至枕深栗色，眼先、眉纹和颊白色，背、两翅和腰棕褐色，尾棕栗色。下体栗褐色，尾下覆羽红棕色。虹膜褐色；嘴褐色；脚灰褐色。

生活习性 主要栖息于低山丘陵和山脚平原地带的矮树灌丛和竹林丛等生境。除繁殖季节成对外，其他季节多成群活动。主要以昆虫为食，也吃植物果实和种子。

分布状况 分布于甘肃南部、陕西南部至长江以南的华南和西南各地。在九连山属留鸟，各地均有分布。少见。

保护级别 "三有"保护野生动物。

居留期记录
| 1月 | 2月 | 3月 | 4月 | 5月 | 6月 | 7月 | 8月 | 9月 | 10月 | 11月 | 12月 |

摄影：陈志高

摄影：陈志高

噪鹛科 Leiothrichidae

195 红嘴相思鸟
Leiothrix lutea
Red-billed Leiothrix

形态特征 体长13~16厘米。上体橄榄绿色，眼周有黄色块斑，下体橙黄色；尾近黑色而略分叉。翼略黑，红色和黄色的羽缘构成明显的翼纹。虹膜褐色；嘴红色；脚粉红色。

生活习性 主要栖息于山地森林及灌木丛中，冬季多下到山脚、平原地带。除繁殖季节成对外，其他季节多集小群活动。主要以昆虫为食，也吃植物果实和种子。

分布状况 分布于西藏东南部、甘肃南部、陕西南部、长江流域及其以南各地。在九连山属留鸟，各地均有分布。少见。

保护级别 "三有"保护野生动物，江西省重点保护野生动物。

居留期记录

1月 2月 3月 4月 5月 6月 7月 8月 9月 10月 11月 12月

摄影：陈志高

摄影：陈志高

幽鹛科 Pellorneidae

196 灰眶雀鹛
Alcippe morrisonia
Grey-cheeked Fulvetta

形态特征 体长13～15厘米。头、颈灰色，头顶具不明显的深色侧冠纹，眼圈白色。上体、翅、尾橄榄褐色，下体灰皮黄色。虹膜栗色；嘴灰色；脚淡褐色。

生活习性 主要栖息于山地和山脚平原地带的森林和灌木丛中。除繁殖季节成对活动外，常成小群活动，常与其他小鸟混群。主要以昆虫为食，也吃植物果实和种子。

分布状况 分布于长江流域及其以南各地。在九连山属留鸟，各地均有分布。常见。

保护级别 未列入。

居留期记录

1月 2月 3月 4月 5月 6月 7月 8月 9月 10月 11月 12月

摄影：陈志高

摄影：陈志高

莺鹛科 Sylviidae

197 棕头鸦雀
Sinosuthora webbiana
Vinous-throated Parrotbill

形态特征 体长11～13厘米。头顶至上背及两翼红棕色，上体余部橄榄褐色。喉略具细纹，下体淡黄褐色。虹膜褐色；嘴灰褐色，嘴端色较浅；脚粉灰色。

生活习性 主要栖息于开阔林缘、人工林、公园、居民点等树林中。常成对或成小群活动。主要以昆虫为食，也吃植物果实和种子。

分布状况 分布于黑龙江南部、吉林、辽宁、华北地区、甘肃南部，华中、华南、东南、西南等地区及台湾。在九连山属留鸟，各地均有分布。少见。

保护级别 未列入。

居留期记录

| 1月 | 2月 | 3月 | 4月 | 5月 | 6月 | 7月 | 8月 | 9月 | 10月 | 11月 | 12月 |

摄影：陈志高

摄影：陈志高

莺鹛科 Sylviidae

198 灰头鸦雀
Psittiparus gularis
Grey-headed Parrotbill

形态特征　体长16～18厘米。嘴短而粗厚，头灰色。前额、眉纹及喉中央黑色，下颊及颏白色。上体棕褐色。下体白色。虹膜褐色；嘴橘黄色；脚灰色。

生活习性　主要栖息于山地森林及林缘、灌木丛和草丛地带。除繁殖季节单独或成对活动外，其他季节多成小群活动。主要以昆虫为食，也吃植物果实和种子。

分布状况　分布于长江流域及其以南地区，包括海南。在九连山属留鸟，各地均有分布。少见。

保护级别　未列入。

居留期记录

1月 2月 3月 4月 5月 6月 7月 8月 9月 10月 11月 12月

摄影：林剑声

摄影：杜卿

树莺科 Cettiidae

199 鳞头树莺
Urosphena squameiceps
Asian Stubtail

形态特征　体长8～10厘米。尾极短。额和头顶具暗色鳞状斑。眉纹粗长黄白色，贯眼纹黑褐色。上体棕褐色，下体污白色，尾下覆羽棕黄色。虹膜褐色；上嘴色深，下嘴色浅；脚粉红色。

分布状况　繁殖于东北地区，迁徙和越冬期间见于华中、华东、东南、华南等地区及台湾。在九连山属冬候鸟，各地均有分布。少见。

保护级别　"三有"保护野生动物。

居留期记录

1月	2月	3月	4月	5月	6月	7月	8月	9月	10月	11月	12月

摄影：杜卿

树莺科 Cettiidae

200 远东树莺
Horornis canturians
Manchurian Bush Warbler

形态特征 体长14～18厘米。前额至头顶栗红色，眉纹皮黄色，贯眼纹暗褐色。其余上体棕褐色，无翼斑。颊、喉和其余下体白色，两胁及尾下覆羽黄色。虹膜褐色；上嘴褐色，下嘴色浅；脚粉褐色。

生活习性 主要栖息于低山丘陵和平原地带的林缘疏林、灌木丛和草丛中。常单独或成对活动。主要以昆虫为食，也吃少量植物果实和种子。

分布状况 分布于华北、华中、西南、华南、东南等地区及台湾、海南。在九连山属冬候鸟，各地均有分布。少见。

保护级别 未列入。

居留期记录

1月 2月 3月 4月 5月 6月 7月 8月 9月 10月 11月 12月

摄影：陈志高

摄影：陈志高

树莺科 Cettiidae

201 强脚树莺
Horornis fortipes
Brownish-flanked Bush Warbler

形态特征 体长10～12厘米。眉纹皮黄色，贯眼纹暗褐色。上体橄榄褐色沾棕色，尾羽和飞羽暗褐色。颊、喉和腹白色，秋冬季常沾灰色或皮黄色，胸、两胁及尾下覆羽黄褐色。虹膜褐色；上嘴深褐色，下嘴基色浅；脚肉棕色。

生活习性 主要栖息于山地阔叶林和次生林及其林缘疏林灌木丛和草丛中，冬季也出现在山脚平原地带。常单独或成对活动。主要以昆虫为食，也吃少量植物果实和种子。

分布状况 分布于长江流域以及华南、西南等地区。在九连山属留鸟，各地均有分布。易见。

保护级别 未列入。

居留期记录
1月 2月 3月 4月 5月 6月 7月 8月 9月 10月 11月 12月

摄影：陈志高

摄影：陈志高

树莺科 Cettiidae

202 棕脸鹟莺
Abroscopus albogularis
Rufous-faced Warbler

形态特征 体长9～10厘米。头栗色，具黑色侧冠纹；上体绿色，腰黄色。下体白色，颏及喉杂黑色点斑，上胸沾黄色；虹膜褐色；上嘴色暗，下嘴色浅；脚粉褐色。

生活习性 主要栖息于阔叶林和竹林中。除繁殖期单独或成对活动外，其他季节亦成群活动。主要以昆虫为食。

分布状况 分布于长江流域及其以南各地，包括海南、台湾。在九连山属留鸟，各地均有分布。少见。

保护级别 未列入。

居留期记录

| 1月 | 2月 | 3月 | 4月 | 5月 | 6月 | 7月 | 8月 | 9月 | 10月 | 11月 | 12月 |

摄影：杜卿

摄影：林剑声

蝗莺科 Locustellidae

203 棕褐短翅蝗莺
Locustella luteoventris
Brown Bush Warbler

形态特征 体长12～14厘米。上体暗棕褐色，皮黄色的眉纹甚不清晰，尾具不明显暗色斑。颏、喉、腹灰白色；胸、两胁及尾下覆羽淡棕褐色。虹膜褐色；上嘴黑褐色，下嘴黄白色；脚肉红色。

生活习性 主要栖息于山地稀疏常绿阔叶林和高山针叶林的林缘灌丛与草丛中。主要以昆虫为食。

分布状况 分布于长江流域及其以南地区。在九连山属留鸟，各地均有分布。少见。

保护级别 未列入。

居留期记录

1月 2月 3月 4月 5月 6月 7月 8月 9月 10月 11月 12月

摄影：陈志高

摄影：陈志高

蝗莺科 Locustellidae

204 高山短翅蝗莺
Locustella mandelli
Russet Bush Warbler

形态特征 体长12~14厘米。上体暗褐色沾棕色，具略长且宽的凸形尾。眼先和眼周皮黄色，眉纹皮黄色不甚明显。颈侧褐色，喉和腹中央污白色。胸灰色或灰褐色，两胁和尾下覆羽橄榄褐色。虹膜褐色；上嘴黑色，下嘴粉色；脚粉色。

生活习性 栖息于山地森林林缘灌木丛、草丛中。常单独或成对活动。性胆怯，善隐蔽。主要以昆虫为食。

分布状况 分布于陕西南部、四川、云南东北部、广西、贵州、湖南、江西、浙江、福建、广东、台湾。在九连山属留鸟，各地均有分布。少见。

保护级别 未列入。

居留期记录

1月 2月 3月 4月 5月 6月 7月 8月 9月 10月 11月 12月

摄影：乔今朝

摄影：涝浚晖

蝗莺科 Locustellidae

205 矛斑蝗莺
Locustella lanceolata
Lanceolated Warbler

形态特征 体长11～14厘米。上体橄榄褐色并具近黑色纵纹；下体白色而沾赭黄色，胸及两胁具黑色纵纹；眉纹皮黄色。虹膜深褐色；上嘴褐色，下嘴肉黄色；脚粉色。

生活习性 主要栖息于低山和山脚地带的林缘灌丛和草丛，尤喜近水地带。常单独或成对在灌草丛中活动。主要以昆虫为食，也吃其他小型无脊椎动物。

分布状况 繁殖于东北地区；有记录迁徙时见于东部和西北部等地区。在九连山属旅鸟，各地均有分布。少见。

保护级别 "三有"保护野生动物。

居留期记录

| 1月 | 2月 | 3月 | 4月 | 5月 | 6月 | 7月 | 8月 | 9月 | 10月 | 11月 | 12月 |

摄影：林剑声

摄影：杜卿

苇莺科 Acrocephalidae

206 东方大苇莺
Acrocephalus orientalis
Oriental Reed Warbler

形态特征　体长16～19厘米。具显著的皮黄色眉纹。上体橄榄棕褐色，头较暗具不明显羽冠。眉纹皮黄色，飞羽暗褐色具棕色羽缘，尾羽末端白色。下体白色沾棕色，胸及两胁黄褐色。虹膜褐色；上嘴褐色，下嘴偏粉色；脚灰色。

生活习性　主要栖息于低山丘陵和山脚平原地带，尤喜芦苇地、稻田、沼泽及底地次生灌木丛。常单独或成对活动，迁徙时亦成数只小群活动。主要以昆虫为食，也吃少量蜘蛛等无脊椎动物。

分布状况　除西藏外，见于全国各地。在九连山属夏候鸟，各地均有分布。少见。

保护级别　未列入。

居留期记录
| 1月 | 2月 | 3月 | 4月 | 5月 | 6月 | 7月 | 8月 | 9月 | 10月 | 11月 | 12月 |

摄影：陈志高

摄影：陈志高

摄影：陈志高

苇莺科 Acrocephalidae

207 厚嘴苇莺
Arundinax aedon
Thick-billed Warbler

形态特征 体长18～20厘米。上体橄榄棕褐色。嘴粗短，眼先及眼周浅皮黄白色，无眉纹，尾长而凸。颏、喉污白色，其余下体棕白色，两胁棕褐色。虹膜褐色；上嘴黑褐色，下嘴肉黄色；脚灰褐色。

生活习性 主要栖息于林缘、湖边和河谷两岸的丛林、灌木林及草丛。常单独活动，性隐匿。主要以昆虫为食，也吃蜘蛛等小型无脊椎动物。

分布状况 国内繁殖于东北及内蒙古，迁徙时经过华北、华中、华南和东南地区，在九连山属旅鸟，首次于2019年10月发现于润洞。少见。

保护级别 未列入。

居留期记录

1月 2月 3月 **4月** **5月** 6月 7月 8月 **9月** **10月** 11月 12月

摄影：陈志高

摄影：陈志高

苇莺科 Acrocephalidae

208 黑眉苇莺
Acrocephalus bistrigiceps
Black-browed Reed Warbler

形态特征 体长12～13厘米。眉纹皮黄白色，贯眼纹黑色，头侧纹黑褐色，上体橄榄褐色。下体淡棕白色，两胁和尾下覆羽棕褐色。虹膜褐色；上嘴色深，下嘴色浅；脚粉色。

生活习性 主要栖息于低山和山脚平原地带的湖泊、河流、水塘、沼泽等水域岸边的灌木丛和芦苇丛中。常单独或成对活动。主要以昆虫为食，也吃蜘蛛等其他小型无脊椎动物。

分布状况 繁殖于东北、华北、华东等地区；迁徙时见于华南、东南等地区；部分鸟在广东及香港越冬；偶见于台湾。在九连山属旅鸟，各地均有分布。少见。

保护级别 "三有"保护野生动物。

居留期记录

1月 2月 3月 4月 5月 6月 7月 8月 9月 10月 11月 12月

摄影：陈志高

摄影：陈志高

摄影：陈志高

柳莺科 Phylloscopidae

209 褐柳莺
Phylloscopus fuscatus
Dusky Warbler

形态特征　体长11～12厘米。上体橄榄褐色，眉纹皮黄色，贯眼纹黑褐色，颊和耳羽褐色略沾棕色。颏、喉白色，其余下体皮黄色沾褐色，尤其以胸及两胁较明显。虹膜褐色；上嘴黑褐色，下嘴橙黄色；脚淡褐色。

生活习性　栖息于山地森林疏林和灌木丛地带。非繁殖期也见于农田和宅旁附近的丛林中。常单独或成对活动。主要以昆虫为食。

分布状况　分布范围广，几遍全国各地。在九连山属冬候鸟，部分为旅鸟，各地均有分布。易见。

保护级别　"三有"保护野生动物。

居留期记录

1月 2月 3月 4月 5月 6月 7月 8月 9月 10月 11月 12月

摄影：陈志高

摄影：陈志高

摄影：陈志高

摄影：陈志高

柳莺科 Phylloscopidae

210 巨嘴柳莺
Phylloscopus schwarzi
Radde's Warbler

形态特征　体长11～14厘米。上体橄榄褐色，尾较大而略分叉，嘴形厚而似山雀。眉纹前端皮黄色至眼后成奶油白色；贯眼纹深褐色，脸侧及耳羽具散布的深色斑点。下体污白色，胸及两胁沾皮黄色，尾下覆羽黄褐色。虹膜褐色；上嘴褐色，下嘴基部黄褐色；脚黄褐色。

生活习性　主要栖息于低山丘陵和山脚平原地带的阔叶林、混交林和灌木丛中，也见于林缘草地、果园。单独或成对活动。主要以昆虫为食。

分布状况　除宁夏、西藏、青海外，见于全国各地。在九连山属旅鸟，各地均有分布。少见。

保护级别　"三有"保护野生动物。

居留期记录

| 1月 | 2月 | 3月 | 4月 | 5月 | 6月 | 7月 | 8月 | 9月 | 10月 | 11月 | 12月 |

摄影：杜卿

柳莺科 Phylloscopidae

211 黄眉柳莺
Phylloscopus inornatus
Yellow-browed Warbler

形态特征 体长9～11厘米。上体橄榄绿色，眉纹纯白或乳白色，通常具两道明显的近白色翼斑，三级飞羽黑色，羽端白色。下体白色，胸、两翅及尾下覆羽黄绿色。虹膜褐色；上嘴褐色，下嘴基部黄色；脚粉褐色。

生活习性 主要栖息于山地和平原地带的森林及果园、村庄、庭院处。常单独或成小群活动。主要以昆虫为食。

分布状况 除新疆外，见于全国各地。在九连山属冬候鸟，各地均有分布。常见。

保护级别 "三有"保护野生动物。

居留期记录
1月 2月 3月 4月 5月 6月 7月 8月 9月 10月 11月 12月

摄影：陈志高

摄影：陈志高

柳莺科 Phylloscopidae

212 黄腰柳莺
Phylloscopus proregulus
Pallas's Leaf Warbler

形态特征 体长9～11厘米。上体橄榄绿色，冠顶纹淡黄绿色，眉纹长而显著黄绿色。两翅及尾黑褐色，外翈羽缘黄绿色，腰淡黄色，具两道淡黄色翼斑，下体灰白色，臀及尾下覆羽沾浅黄色。虹膜暗褐色；嘴黑色，下嘴基橙黄色；脚粉红色。

生活习性 主要栖息于山地针叶林、针阔混交林和稀疏的阔叶林及林缘灌木丛、苗圃等生境。多单独或成对活动，秋冬季亦成小群。主要以昆虫为食。

分布状况 分布于全国各地。在九连山属冬候鸟，各地均有分布，常见。

保护级别 "三有"保护野生动物。

居留期记录
1月 2月 3月 4月 5月 6月 7月 8月 9月 10月 11月 12月

摄影：陈志高

摄影：陈志高

柳莺科 Phylloscopidae

213 极北柳莺
Phylloscopus borealis
Arctic Warbler

形态特征 体长11～13厘米。具明显的黄白色长眉纹，贯眼纹黑色。上体橄榄绿色，具两道白色翼斑（羽毛初长时两道，磨损时仅一道）。下体白色微沾黄色，两胁灰绿色。虹膜暗褐色；上嘴深褐色，下嘴黄色；脚肉色。

生活习性 主要栖息于稀疏的阔叶林、针阔混交林及林缘地带。除繁殖期单独或成对活动外，迁徙季节多成群活动，有时加入混合鸟群，在树叶间寻食。以昆虫为主食。

分布状况 除海南外，见于全国各地。在九连山属旅鸟，各地均有分布。少见。

保护级别 "三有"保护野生动物。

居留期记录

1月 2月 3月 4月 5月 6月 7月 8月 9月 10月 11月 12月

摄影：陈志高

摄影：陈志高

摄影：林剑声

柳莺科 Phylloscopidae

214 黑眉柳莺
Phylloscopus ricketti
Sulphur-breasted Warbler

形态特征 体长9～10厘米。上体橄榄绿色，冠顶纹淡绿黄色，侧顶纹和贯眼纹黑色，眉纹黄色，翅和尾黑褐色，两道翼斑淡黄色。颊、颏、喉及其余下体鲜黄色，腹部中央颜色较淡。虹膜暗褐色；上嘴褐色，下嘴黄色或橙黄色；脚淡绿褐色。

生活习性 主要栖息于山地阔叶林和次生林中。除繁殖期单独或成对活动外，其他季节多成群活动，也常与其他莺类混群。主要以昆虫为食。

分布状况 繁殖于华中、西南、华南、东南地区。在九连山属夏候鸟，各地均有分布。少见。

保护级别 "三有"保护野生动物。

居留期记录

1月 2月 3月 4月 5月 6月 7月 8月 9月 10月 11月 12月

摄影：韦铭

柳莺科 Phylloscopidae

215 冠纹柳莺
Phylloscopus claudiae
Claudia's Leaf Warbler

形态特征　体长10～11厘米。上体绿色，具两道黄色翼斑，眉纹及顶纹艳黄色；下体白中染黄，尤其是脸侧、两胁及尾下覆羽更明显。外侧两枚尾羽的内翈具白边。虹膜褐色；上嘴色深，下嘴粉红色；脚偏绿色至黄色。

生活习性　主要栖息于山地常绿阔叶林、针阔混交林、针叶林及林缘灌丛。秋冬季下到低山和山脚平原地区。常单独或成对活动。主要以昆虫为食。

分布状况　分布于西藏西南部、西南、华南、华中、东南沿海等地区及台湾。在九连山属旅鸟，各地均有分布。少见。

保护级别　"三有"保护野生动物。

居留期记录

1月 2月 3月 **4月** **5月** 6月 7月 8月 **9月** **10月** 11月 12月

摄影：杜卿

摄影：杜卿

柳莺科 Phylloscopidae

216 栗头鹟莺
Seicercus castaniceps
Chestnut-crowned Warbler

形态特征 体长9～10厘米，体羽橄榄色。头顶栗色，侧顶纹黑栗色，眼圈白色，脸颊灰色，背部橄榄绿色，翼上具两道淡黄色翼斑，腰鲜黄色；喉至胸灰白色，其余下体鲜黄色。虹膜褐色；上嘴黑色，下嘴浅色；脚角质灰色。

生活习性 主要栖息于低山和山脚地带阔叶林与林缘疏林灌丛中。除繁殖季节单独或成对活动外，其他季节多成群活动。常与其他种类混群。主要以昆虫为食，也吃少量植物种子。

分布状况 分布于西藏西南部及西南、华中、华南、东南等地区。在九连山属冬候鸟，各地均有分布。少见。

保护级别 未列入。

居留期记录
1月 2月 3月 4月 5月 6月 7月 8月 9月 10月 11月 12月

摄影：陈志高

摄影：陈志高

扇尾莺科 Cisticolidae

217 长尾缝叶莺
Orthotomus sutorius
Common Tailorbird

形态特征 体长10~14厘米。尾长而常上扬；额及前顶冠棕色，头侧污白色，背、两翼及尾橄榄绿色；下体白色而两胁灰色。繁殖期雄鸟的中央尾羽由于换羽而更显延长，幼鸟没有红棕色前额。虹膜浅皮黄色；上嘴黑色，下嘴偏粉色；脚粉红色。

生活习性 主要栖息于林缘疏林、次生林及林园。性活泼，常不停地运动或发出刺耳尖叫声。常单独或成对活动，有时也会成数只小群。主要以昆虫为食，偶尔也吃少量植物果实和种子。

分布状况 分布于西藏东南部、云南，华南、东南等地区及海南。在九连山属留鸟，各地均有分布。易见。

保护级别 未列入。

居留期记录

1月 2月 3月 4月 5月 6月 7月 8月 9月 10月 11月 12月

摄影：陈志高

摄影：陈志高

扇尾莺科 Cisticolidae

218 棕扇尾莺
Cisticola juncidis
Zitting Cisticola

形态特征 体长9～11厘米。夏羽：上体栗棕色具黑褐色纵纹，眉纹棕白色，尾羽暗褐色有棕色羽缘、黑色次端斑和白色端斑。下体白色，两肋棕黄色。冬羽：似夏羽，但头顶黑色纵纹较粗著，尾亦较长。虹膜褐色；嘴褐色；脚肉色或肉红色。

生活习性 主要栖息于开阔草地、稻田及甘蔗地。求偶飞行时雄鸟在其配偶上空做振翼停空并盘旋鸣叫。主要以昆虫为食，也吃其他小型无脊椎动物和杂草种子。

分布状况 繁殖于华中、华东等地区；越冬于华南、东南沿海地区及海南、台湾。在九连山属留鸟，各地均有分布。少见。

保护级别 未列入。

居留期记录
1月 2月 3月 4月 5月 6月 7月 8月 9月 10月 11月 12月

摄影：陈志高

摄影：陈志高

扇尾莺科 Cisticolidae

219 纯色山鹪莺
Prinia inornata
Plain Prinia

形态特征 体长11～14厘米。夏羽：头顶灰褐色，具短的棕白色眉纹，上体暗灰褐色；下体淡皮黄色，尾长呈凸状，灰褐色。冬羽：似夏羽，但体羽较棕色，尾羽较长。虹膜浅褐色；嘴近黑色；脚粉红色。

生活习性 栖息于高草丛、芦苇地、沼泽、玉米地及稻田。活泼好动，常结小群活动，主要以昆虫为食，偶尔也吃杂草种子。

分布状况 分布于华中、西南、华南、东南等地区及海南、台湾。在九连山属留鸟，各地均有分布。常见。

保护级别 未列入。

居留期记录

| 1月 | 2月 | 3月 | 4月 | 5月 | 6月 | 7月 | 8月 | 9月 | 10月 | 11月 | 12月 |

夏羽
摄影：陈志高

筑巢
摄影：陈志高

冬羽
摄影：陈志高

扇尾莺科 Cisticolidae

220 黄腹山鹪莺
Prinia flaviventris
Yellow-bellied Prinia

形态特征 体长12～14厘米。夏羽：上体橄榄绿色，头灰色，具浅淡近白色的短眉纹，喉及胸白色；下胸及腹部黄色。冬羽：似夏羽，但体色较淡，尾较长。虹膜红色；嘴黑色至褐色；脚橘黄色。

生活习性 栖息于芦苇、沼泽、高草地及灌丛中。甚惧生，藏匿于高草或芦苇中，仅在鸣叫时栖于高杆。扑翼时发出清脆声响。主要以昆虫为食，偶尔也吃杂草种子。

分布状况 分布于西南、华南、东南等地区及海南、台湾。在九连山属留鸟，各地均有分布。常见。

保护级别 未列入。

居留期记录
1月 2月 3月 4月 5月 6月 7月 8月 9月 10月 11月 12月

冬羽
摄影：陈志高

夏羽
摄影：陈志高

扇尾莺科 Cisticolidae

221 黑喉山鹪莺
Prinia atrogularis
Black-throated Prinia

形态特征 体长14～19厘米。夏羽：上体橄榄褐色，脸颊灰色，具明显的白色眉纹。喉白色（华南亚种），胸白色具黑色纵纹，两胁黄褐色，腹部皮黄色。冬羽：似夏羽，但上体羽色较淡，尾较长。虹膜浅褐色；上嘴暗色，下嘴浅色；脚偏粉色。

生活习性 栖息于山地林缘灌木丛、草丛中。常单独或成对活动。主要以昆虫为食，也吃植物果实和种子。

分布状况 分布于西藏南部及东南部，西南、华南、东南等地区。在九连山属留鸟，各地均有分布。常见。

保护级别 未列入。

居留期记录

1月 2月 3月 4月 5月 6月 7月 8月 9月 10月 11月 12月

夏羽
摄影：陈志高

冬羽
摄影：陈志高

鹟科 Muscicapidae

222 白喉短翅鸫
Brachypteryx leucophrys
Lesser Shortwing

形态特征　体长12～13厘米。腿长，具模糊的白色半隐蔽眉纹。雄鸟：上体青蓝色，胸带及两肋灰色，喉及腹部白色。雌鸟：上体锈褐色，胸及两肋沾红褐色并具鳞状纹，颊、喉及腹部白色，其余似雄鸟。虹膜褐色；嘴深褐色；脚粉紫色。

生活习性　主要栖息于海拔1000～3000米林下植被茂密的常绿阔叶林中，尤以靠近溪流与河谷的区域常见。常单独或成对活动。主要以昆虫为食，也吃其他小型无脊椎动物。

分布状况　分布于西藏东南部、云南、四川、湖南、江西、广西、广东、福建等地。在九连山属留鸟，各地均有分布。少见。

保护级别　未列入。

居留期记录

1月 2月 3月 4月 5月 6月 7月 8月 9月 10月 11月 12月

雌鸟
摄影：王大勇

鹟科 Muscicapidae

223 蓝短翅鸫
Brachypteryx montana
White-browed Shortwing

形态特征 体长12～14厘米。雄鸟：上体深青石蓝色，眉纹细白色，尾及两翼黑色，下体蓝灰色。雌鸟：上体暗橄榄褐色，眼先和眼周锈色，下体橄榄褐色。虹膜褐色；嘴黑色；脚红褐色。

生活习性 栖于海拔1200～4000米的常绿阔叶林和山顶林缘的灌丛与草地。多单独活动。性羞怯，栖息于植被覆盖茂密的地面，常近溪流。主要以昆虫为食。

分布状况 分布于西南、华中、华南等地区及东南沿海地区。在九连山属留鸟，各地均有分布。少见。

保护级别 未列入。

居留期记录

1月 2月 3月 4月 5月 6月 7月 8月 9月 10月 11月 12月

雄鸟
摄影：林剑声

雌鸟
摄影：杜卿

鹟科 Muscicapidae

224 日本歌鸲
Larvivora akahige
Japanese Robin

形态特征 体长13～16厘米。雄鸟：上体褐色，额、颊、喉和胸橘黄色，腹具黑色胸带。下胸及两胁灰色，腹至尾下覆羽白色。雌鸟：似雄鸟，但色较暗淡，胸无黑带。虹膜褐色；嘴黑色；脚棕灰色。

生活习性 主要栖息于山地森林及其林缘地带。常单独或成对活动。主要为地栖性。以昆虫为主食。

分布状况 越冬于广东、广西、福建等地，偶尔也见于香港、台湾。在九连山属冬候鸟，各地均有分布。少见。

保护级别 未列入。

居留期记录

1月 2月 3月 4月 5月 6月 7月 8月 9月 10月 11月 12月

雄鸟
摄影：王瑞卿

雌鸟
摄影：林剑声

鹟科 Muscicapidae

225 红尾歌鸲
Larvivora sibilans
Rufous-tailed Robin

形态特征 体长13～15厘米。上体橄榄褐色，尾上覆羽红褐色。下体偏白色，颏、喉、胸和两肋密布褐色鳞状斑纹。虹膜暗褐色；嘴黑褐色；脚粉褐色。
生活习性 主要栖息于山地森林中，尤以林木稀疏、林下灌木茂密的地方常见。常单独或成对活动。主要为地栖生活。主要以各种昆虫为食。
分布状况 繁殖于东北地区，越冬于南部沿海地区。在九连山属冬候鸟，部分为旅鸟，各地均有分布。少见。
保护级别 "三有"保护野生动物。

居留期记录

| 1月 | 2月 | 3月 | 4月 | 5月 | 6月 | 7月 | 8月 | 9月 | 10月 | 11月 | 12月 |

摄影：杜卿

摄影：陈志高

鹟科 Muscicapidae

226 蓝喉歌鸲
Luscinia svecica
Bluethroat

形态特征 体长14～16厘米。雄鸟：上体橄榄褐色或土褐色，头顶黑褐色杂有棕褐色斑纹，眉纹前棕后白。颊、喉和上胸辉蓝色，其下缘有一黑、白、栗三色形成的胸环，喉中央具栗色宽横带。下体白色。雌鸟：眉纹皮黄色，颊、喉棕白色，髭纹黑褐色微沾蓝色，与由黑色点斑组成的胸带相连，其余似雄鸟。虹膜暗褐色；嘴黑色；脚黑褐色。

生活习性 主要栖息于山地森林、灌木丛和林缘地带，尤喜在近水的疏林、灌丛和草丛中活动。常单独或成对活动，迁徙时亦成小群。主要以昆虫为食。

分布状况 繁殖于新疆西北部、内蒙古东部和东北地区北部；越冬于云南、广东、福建、香港、台湾；迁徙期间几乎见于全国。在九连山属冬候鸟，各地均有分布。少见。

保护级别 "三有"保护野生动物。

居留期记录

| 1月 | 2月 | 3月 | 4月 | 5月 | 6月 | 7月 | 8月 | 9月 | 10月 | 11月 | 12月 |

雌鸟
摄影：杜卿

雄鸟
摄影：林剑声

鹟科 Muscicapidae

227 红胁蓝尾鸲
Tarsiger cyanurus
Orange-flanked Bluetail

形态特征 体长13~15厘米。雄鸟：上体蓝色，眉纹和喉白色，脸部蓝色，下体污白色，胸侧蓝色，两胁红棕色，尾蓝色。雌鸟：上体橄榄褐色，白色眉纹较短，其余似雄鸟。虹膜褐色；嘴黑色；脚黑色。

生活习性 栖息于山地森林、林缘等地。常单独或成对活动，秋冬季节也会成数只小群。主要以昆虫为食，也吃少量植物果实和种子。

分布状况 繁殖于东北、西南等地区；越冬于长江流域和长江以南广大地区，包括台湾、海南。在九连山属冬候鸟，各地均有分布。常见。

保护级别 "三有"保护野生动物。

居留期记录

| 1月 | 2月 | 3月 | 4月 | 5月 | 6月 | 7月 | 8月 | 9月 | 10月 | 11月 | 12月 |

雄鸟
摄影：陈志高

雌鸟
摄影：陈志高

鹟科 Muscicapidae

228 鹊鸲
Copsychus saularis
Oriental Magpie Robin

形态特征 体长19～22厘米。雄鸟：除翅斑和腹部至尾下覆羽白色外，其余体色为黑色。雌鸟：雄鸟黑色部分被暗灰色取代，其余似雄鸟。虹膜褐色；嘴黑色；脚黑褐色。

生活习性 栖息于低山丘陵和平原地带，常光顾村庄附近果园、苗圃。单独或成对活动。主要以昆虫为食，也吃少量小型无脊椎动物和植物果实与种子。

分布状况 广泛分布于长江流域及其以南地区。在九连山属留鸟，各地均有分布。易见。

保护级别 "三有"保护野生动物。

居留期记录

| 1月 | 2月 | 3月 | 4月 | 5月 | 6月 | 7月 | 8月 | 9月 | 10月 | 11月 | 12月 |

幼鸟
摄影：陈志高

雌鸟
摄影：陈志高

雄鸟
摄影：林剑声

鹟科 Muscicapidae

229 红喉歌鸲
Calliope calliope
Siberian Rubythroat

形态特征 体长14～17厘米。雄鸟：上体橄榄褐色，具醒目的白色眉纹和下颊纹，眼先黑色，颏、喉红色具黑色细缘。胸灰色，腹及尾下覆羽白色，两胁沾棕色。雌鸟：羽色较淡，眼先、髭纹黑褐色，眉纹、下颊纹、喉、腹及尾下覆羽均为灰白色，胸及两胁棕褐色。虹膜暗褐色；嘴黑褐色；脚黄褐色。

生活习性 主要栖息于低山丘陵和山脚平原的各类生境中，尤喜近水地带。多单独或成对活动。主要以昆虫为食，偶尔也吃少量植物碎屑。

分布状况 除西藏外，见于全国各地。在九连山属冬候鸟，各地均有分布。少见。

保护级别 "三有"保护野生动物。

居留期记录

1月 2月 3月 4月 5月 6月 7月 8月 9月 10月 11月 12月

雄鸟
摄影：陈志高

雌鸟
摄影：陈志高

鹟科 Muscicapidae

230 北红尾鸲
Phoenicurus auroreus
Daurian Redstart

形态特征 体长13～15厘米。雄鸟：头顶和枕部银灰色，背部、前额基部、头侧、颈侧、颏、喉、上胸和中央尾羽黑色。下体橙棕色，有显著的白色翼斑和棕红色的腰。雌鸟：上体橄榄褐色，下体黄褐色，尾上覆羽及外侧尾羽橙棕色，翅斑白色。虹膜褐色；嘴黑色；脚黑色。

生活习性 主要栖息于低山丘陵和山脚平原的森林、河谷、林缘和居民点附近的灌丛与低矮树丛中。常单独或成对活动。主要以昆虫为食，也吃少量植物浆果和草籽。

分布状况 除新疆外，见于全国各地。在九连山属冬候鸟，各地均有分布。常见。

保护级别 "三有"保护野生动物。

居留期记录

1月 2月 3月 4月 5月 6月 7月 8月 9月 10月 11月 12月

雄鸟
摄影：陈志高

雌鸟
摄影：陈志高

鹟科 Muscicapidae

231 红尾水鸲
Rhyacornis fuliginosa
Plumbeous Water Redstart

形态特征 体长13～14厘米。雄鸟：通体暗蓝灰色，腰、臀和尾栗红色。雌鸟：上体暗灰褐色，翅褐色具两条白色点斑状翼带，尾上及尾下覆羽、尾羽基部和外侧尾羽白色；下体灰褐色，密布白色斑点及淡蓝色鳞纹。虹膜褐色；嘴黑色；脚黑色。

生活习性 主要栖息于山地溪流和河谷沿岸。常单独或成对活动。主要以昆虫为食，也吃少量植物果实和种子。

分布状况 除黑龙江、吉林、辽宁、新疆外，见于全国各地。在九连山属留鸟，各地均有分布。常见。

保护级别 未列入。

居留期记录
1月 2月 3月 4月 5月 6月 7月 8月 9月 10月 11月 12月

雄鸟
摄影：陈志高

雌鸟
摄影：陈志高

鹟科 Muscicapidae

232 白顶溪鸲
Chaimarrornis leucocephalus
White-capped Water Redstart

摄影：陈志高

形态特征 体长16～20厘米。头顶及颈背白色，腰、尾基部及腹部栗色，尾具宽阔的黑色端斑，其余体羽黑色。虹膜褐色；嘴黑色；脚黑色。

生活习性 主要栖息于山地溪流和河谷沿岸。常单独或成对活动。主要以昆虫为食，也吃少量软体动物和其他小型无脊椎动物及植物果实与种子。

分布状况 分布于华北、华中、华南、西南等地区及青海藏南地区。在九连山属冬候鸟，各地均有分布。少见。

保护级别 未列入。

居留期记录

1月 2月 3月 4月 5月 6月 7月 8月 9月 10月 11月 12月

摄影：陈志高

摄影：陈志高

鹟科 Muscicapidae

233 小燕尾
Enicurus scouleri
Little Forktail

形态特征　体长11～14厘米。额、头顶前部白色，其余头部、颈、喉、上背和中央尾羽黑色，两翅黑褐色，翼斑、腰、尾及其余下体白色。虹膜黑褐色；嘴黑色；脚肉白色。

生活习性　主要栖息于山涧溪流和河谷沿岸。常成对或单独活动。主要以昆虫及其幼虫为食。

分布状况　分布于青海藏南、长江流域及其以南地区。在九连山属留鸟，各地均有分布。少见。

保护级别　未列入。

居留期记录

1月 2月 3月 4月 5月 6月 7月 8月 9月 10月 11月 12月

摄影：杜卿

摄影：林剑声

鹟科 Muscicapidae

234 灰背燕尾
Enicurus schistaceus
Slaty-backed Forktail

形态特征 体长21～24厘米。前额至眼圈上方具一宽阔白带，头顶至背蓝灰色。额基、颊、上喉、两翅及尾黑色，尾具白色横斑和宽阔次端斑。翅斑、腰和尾上覆羽及其余下体白色。虹膜褐色；嘴黑色；脚粉色。

生活习性 主要栖息于山涧溪流与河谷沿岸。

分布状况 分布于西南、华南、华中等地区和东南沿海各地。在九连山属留鸟，各地均有分布。常见。

保护级别 未列入。

居留期记录

1月 2月 3月 4月 5月 6月 7月 8月 9月 10月 11月 12月

摄影：陈志高

摄影：陈志高

鹟科 Muscicapidae

235 白额燕尾

Enicurus leschenaulti
White-crowned Forktail

形态特征 体长25～27厘米。前额和顶冠白色，头余部、颈背及胸黑色；腹部、下背及腰白色；两翼和尾黑色，尾开深叉，尾羽黑色羽端白色；最外侧两枚尾羽全白。虹膜褐色；嘴黑色；脚粉色。

生活习性 主要栖息于山涧溪流和河谷沿岸，喜欢清澈湍急且多石的山涧溪流。主要以水生昆虫和昆虫幼虫为食。

分布状况 分布于长江流域及其以南的广大地区。在九连山属留鸟，各地均有分布。易见。

保护级别 未列入。

居留期记录

1月 2月 3月 4月 5月 6月 7月 8月 9月 10月 11月 12月

摄影：陈志高

摄影：陈志高

鹟科 Muscicapidae

236 黑喉石鵖
Saxicola maurus
Siberian Stonechat

形态特征 体长12～15厘米。雄鸟：头部及飞羽黑色，背深褐色，颈及翼上具白斑，腰白色，胸锈红色，腹部白色。雌鸟：上体棕褐色，有黑色纵纹，眉纹较浅，下体污白色。虹膜深褐色；嘴黑色；脚黑色。

生活习性 主要栖息于低山丘陵和平原地带的草地、沼泽、田间灌丛等生境。多单独或成对活动。主要以昆虫为食，也吃蚯蚓、蜘蛛等无脊椎动物和少量植物果实与种子。

分布状况 繁殖于东北地区、新疆西北部和青海藏南地区；越冬于华南地区、台湾、海南；在云南为留鸟。在九连山属冬候鸟，部分为旅鸟，各地均有分布。常见。

保护级别 "三有"保护野生动物。

居留期记录

1月 2月 3月 4月 5月 6月 7月 8月 9月 10月 11月 12月

雄鸟
摄影：陈志高

雌鸟
摄影：陈志高

鹟科 Muscicapidae

237 蓝矶鸫
Monticola solitarius
Blue Rock Thrush

形态特征 体长20～30厘米。雄鸟：华南亚种通体蓝灰色，两翅及尾黑褐色；华北亚种除翼下覆羽和下胸以下栗红色外，其余为钴蓝色具光泽。雌鸟：上体暗蓝灰色，背及翅具黑褐色宽阔次端斑和窄细灰白色羽缘；喉中央淡黄白色，其余下体淡褐色具黑色鳞斑。

虹膜褐色；嘴黑色；脚黑色。

生活习性 主要栖息于多岩石的低山峡谷及山溪、湖泊等水域附近的岩石上。单独或成对活动。主要以昆虫为食，偶尔也吃少量植物果实和种子。

分布状况 分布于新疆西部、西藏南部，东北、华北、西南、华中、华南、华东等地区及台湾、海南。在九连山属留鸟，各地均有分布。少见。

保护级别 未列入。

居留期记录

| 1月 | 2月 | 3月 | 4月 | 5月 | 6月 | 7月 | 8月 | 9月 | 10月 | 11月 | 12月 |

雄鸟
摄影：陈志高

雌鸟
摄影：杜卿

鹟科 Muscicapidae

238 紫啸鸫
Myophonus caeruleus
Blue Whistling Thrush

雏鸟
摄影：陈志高

形态特征 体长28～35厘米。通体深紫蓝色并具有闪亮的蓝色点斑，两翅黑褐色，表面缀紫蓝色且具白色斑点。虹膜黑褐色；嘴黄色或黑色；脚黑色。

生活习性 栖息于森林溪流沿岸。常单独或成对活动。主要以昆虫为食，偶尔也吃少量植物果实和种子。

分布状况 分布于西藏南部，西南、华北、华中、华南、华东等地区。在九连山属留鸟，各地均有分布。常见。

保护级别 未列入。

居留期记录

| 1月 | 2月 | 3月 | 4月 | 5月 | 6月 | 7月 | 8月 | 9月 | 10月 | 11月 | 12月 |

幼鸟
摄影：陈志高

成鸟
摄影：林剑声

鹟科 Muscicapidae

239 栗腹矶鸫
Monticola rufiventris
Chestnut-bellied Rock Thrush

形态特征 体长20～24厘米。雄鸟：头顶、肩、腰及两翅和尾呈辉亮的钴蓝色；枕和上背黑褐色沾钴蓝色；眼先、头侧及喉黑色，其余下体为栗红色。雌鸟：上体橄榄褐色，头顶至枕烟灰色，背及翅覆羽具暗色羽缘；眼先、颊纹、喉及耳羽后方的月牙斑为棕白色，其余下体皮黄色，均密布粗著的黑色鳞纹。虹膜深褐色；嘴黑色；脚黑褐色。

生活习性 繁殖于1200～3000米的森林，越冬在低海拔开阔而多石的山坡林地。单独或成对活动。主要以昆虫为食。

分布状况 分布于西藏南部，西南、华中、华南、东南等地区。在九连山属留鸟，各地均有分布。少见。

保护级别 未列入。

居留期记录
1月 2月 3月 4月 5月 6月 7月 8月 9月 10月 11月 12月

雄鸟
摄影：陈志高

雌鸟
摄影：陈志高

鹟科 Muscicapidae

240 黄眉姬鹟
Ficedula narcissina
Narcissus Flycatcher

形态特征 体长13～14厘米。雄鸟：上体大致为黑色，眉纹、下背至尾上覆羽黄色，颏、喉和胸多为橘黄色，翅斑及下腹白色。雌鸟：眼先具短的污白色眉纹，上体橄榄灰色，下背至尾上覆羽橄榄绿色，尾和尾上覆羽红褐色，下体污白色。虹膜深褐色；嘴蓝黑色；脚铅蓝色。

生活习性 主要栖息于山地森林和林缘地带。常单独或成对活动。主要以昆虫为食。

分布状况 旅鸟和冬候鸟，迁徙期间经华东、华南等地区及台湾，部分鸟在海南越冬。在九连山属旅鸟，各地均有分布。少见。

保护级别 "三有"保护野生动物。

居留期记录
1月 2月 3月 4月 5月 6月 7月 8月 9月 10月 11月 12月

雄鸟
摄影：陈志高

雌鸟
摄影：杜卿

鹟科 Muscicapidae

241 白眉姬鹟
Ficedula zanthopygia
Yellow-rumped Flycatcher

形态特征 体长11~14厘米。雄鸟：眉纹白色，上体大致为黑色。腰、喉、胸及上腹鲜黄色，翼斑、下腹、尾下覆羽白色。雌鸟：上体橄榄绿色，腰鲜黄色，两翅及尾黑褐色，具两道白色翼斑。下体淡黄绿色。虹膜褐色；嘴黑色；脚黑色。

生活习性 主要栖息于低山丘陵和山脚地带的针阔混交林中，迁徙时也见于居民点附近的小树林和果园。常单独或成对活动。主要以昆虫为食。

分布状况 国内除宁夏、新疆、西藏外，见于各省。在九连山属旅鸟，各地均有分布。少见。

保护级别 "三有"保护野生动物。

居留期记录

1月 2月 3月 **4月** **5月** 6月 7月 8月 **9月** **10月** 11月 12月

雌鸟
摄影：陈志高

雄鸟
摄影：陈志高

鹟科 Muscicapidae

242 绿背姬鹟
Ficedula elisae
Green-backed Flycatcher

形态特征 体长13～14厘米。雄鸟：头至上背和肩橄榄绿色，眼先、眉纹和下背至尾上覆羽及下体柠檬黄色，两翅和尾黑色，翅膀白色。雌鸟：上体橄榄灰色，腰及尾上覆羽暗绿黄色，下体浅黄色，两胁沾橄榄灰色。虹膜暗褐色；嘴黑褐色；脚铅蓝色。

生活习性 繁殖于山地阔叶林，偏好阴郁的林带，也出现于针阔混交林和森林的林缘地带。迁徙季节也见于公园和种植园。常单独或成对活动。主要以昆虫为食。

分布状况 繁殖于河北及陕西；迁徙期间出现于河北沿海、河南、广西、江西、广东、香港。在九连山属旅鸟，各地均有分布。少见。

保护级别 未列入。

居留期记录

1月 2月 3月 4月 5月 6月 7月 8月 9月 10月 11月 12月

摄影：杜卿

鹟科 Muscicapidae

243 鸲姬鹟
Ficedula mugimaki
Mugimaki Flycatcher

形态特征 体长12～14厘米。雄鸟：头至整个上体灰黑色，眼后具短的白色眉纹，翅和尾黑褐色，翼上具明显的白斑，尾羽两侧基部白色，颏至上腹黄色，其余下体白色。雌鸟：上体褐色，下体似雄鸟但色较淡，翼带也较淡，尾基部无白色。虹膜褐色；嘴黑色；脚褐色。

生活习性 栖息于较低海拔山地森林和平原树林、林缘灌丛及林间空地。常单独或成对活动，偶尔也成小群。主要以昆虫为食。

分布状况 繁殖于东北地区。迁徙时经华北、华东、华中、西南、华南等地区及台湾。部分鸟越冬于广西、广东及海南。在九连山属旅鸟，各地均有分布。易见。

保护级别 "三有"保护野生动物。

居留期记录
1月 2月 3月 4月 5月 6月 7月 8月 9月 10月 11月 12月

雌鸟
摄影：杜卿

雄鸟
摄影：陈志高

雌鸟
摄影：陈志高

鹟科 Muscicapidae

244 红喉姬鹟
Ficedula albicilla
Taiga Flycatcher

形态特征 体长11~13厘米。雄鸟：上体暗灰褐色，眼圈白色，尾羽黑褐色，尾基部白色。繁殖期颏、喉橙红色，非繁殖期颏、喉变为白色。雌鸟：似非繁殖期雄鸟，但胸部沾棕色。虹膜暗褐色；嘴黑色；脚黑色。

生活习性 繁殖期主要栖息于低山丘陵和山脚平原地带的阔叶林、混交林和针叶林中。非繁殖季节多见于近溪流的林缘疏林灌丛、次生林。常单独或成对活动，偶尔也成数只小群。主要以昆虫为食。

分布状况 分布于全国各省。在九连山属旅鸟，各地均有分布。易见。

保护级别 "三有"保护野生动物。

居留期记录
1月 2月 3月 **4月** **5月** 6月 7月 8月 **9月** **10月** 11月 12月

雄鸟夏羽
摄影：陈志高

雄鸟冬羽
摄影：陈志高

雌鸟
摄影：陈志高

鹟科 Muscicapidae

245 白腹蓝鹟
Cyanoptila cyanomelana
Blue-and-white Flycatcher

形态特征 体长14～17厘米。雄鸟：脸、喉及上胸近黑色，上体闪光钴蓝色，下胸、腹及尾下覆羽白色；外侧尾羽基部白色，深色的胸与白色腹部截然分开。雌鸟：上体灰褐色，两翼及尾褐色，喉中心及腹部白。虹膜褐色；嘴黑色，脚黑色。

生活习性 栖息于山地阔叶林和混交林中。多单独或成对活动。主要以昆虫为食。

分布状况 繁殖于东北地区；迁徙期间经过华北、华中、华南、东南等地区；部分鸟在台湾及海南越冬。在九连山属旅鸟，各地均有分布。易见。

保护级别 未列入。

居留期记录
1月 2月 3月 **4月** **5月** 6月 7月 8月 **9月** **10月** 11月 12月

雄亚成鸟
摄影：陈志高

雄鸟
摄影：陈志高

雌鸟
摄影：陈志高

雌鸟
摄影：林剑声

鹟科 Muscicapidae

246 棕腹大仙鹟
Niltava davidi
Fujian Niltava

形态特征 体长16～19厘米。雄鸟：上体深蓝色，下体棕色，脸黑色，额、颈侧小块斑、翼角及腰部亮丽闪辉蓝色。雌鸟：上体橄榄褐色，尾及两翼棕褐色，喉上具白色项纹，颈侧具辉蓝色小块斑，喉、胸和两胁橄榄褐色，其余下体污白色。虹膜褐色；嘴黑色；脚黑色。

生活习性 主要栖息于山地森林及林缘疏林灌丛地带。常单独或成对活动。主要以昆虫为食。

分布状况 分布于陕西南部、四川、重庆、湖北、江西、贵州、云南、广西、广东、福建、香港、澳门、海南。在九连山属夏候鸟，各地均有分布。少见。

保护级别 "三有"保护野生动物。

居留期记录

| 1月 | 2月 | 3月 | 4月 | 5月 | 6月 | 7月 | 8月 | 9月 | 10月 | 11月 | 12月 |

雄鸟
摄影：林剑声

鹟科 Muscicapidae

247 灰纹鹟
Muscicapa griseisticta
Grey-streaked Flycatcher

形态特征　体长13～15厘米。上体灰褐色，眼圈白色；下体白色，胸、上腹及两胁满布深灰色纵纹；具狭窄的白色翼斑；翼较长，几乎至尾端。虹膜褐色；嘴黑色；脚黑色。

生活习性　栖息于密林、开阔森林及林缘。性惧生。常常单独或成对活动。主要以昆虫为食。

分布状况　繁殖于内蒙古东北部和黑龙江东北部；迁徙时经华北、华东、华中、华南等地区及台湾。在九连山属旅鸟，各地均有分布。易见。

保护级别　"三有"保护野生动物。

居留期记录

| 1月 | 2月 | 3月 | 4月 | 5月 | 6月 | 7月 | 8月 | 9月 | 10月 | 11月 | 12月 |

摄影：陈志高

摄影：陈志高

摄影：鲁酩

鹟科 Muscicapidae

248 褐胸鹟
Muscicapa muttui
Brown-breasted Flycatcher

形态特征 体长10～13厘米。上体棕褐色，头顶暗，眼先及眼圈白色；两翅暗褐色，具淡棕色羽缘；尾棕褐色；下体白色，胸侧及两肋栗褐色。虹膜深褐色；上嘴黑色，下嘴黄色；脚肉黄色。

生活习性 主要栖息于低山和山脚地带的森林、竹林和林缘疏林灌丛中。安静孤僻，常单独或成对活动。主要以昆虫为食。

分布状况 见于甘肃东南部、四川、贵州、广西、云南、湖北、湖南、江西、广东、香港、澳门、台湾等地。在九连山属夏候鸟，各地均有分布。少见。

保护级别 "三有"保护野生动物。

居留期记录
1月 2月 3月 4月 5月 6月 7月 8月 9月 10月 11月 12月

摄影：鲁酩

鹟科 Muscicapidae

249 乌鹟
Muscicapa sibirica
Dark-sided Flycatcher

形态特征 体长12～13厘米。上体灰褐色，眼圈白色，翅和尾黑褐色，翼上具一条不明显皮黄色斑纹。下体污白色，喉侧、胸及两肋具乌褐色粗阔纵纹，彼此分界不清，常融成一片。虹膜深褐色；嘴黑色，下嘴基较浅；脚黑色。

生活习性 繁殖季节主要栖息于海拔800米以上的针阔混交林和针叶林中。迁徙季节和冬季，亦栖息于山脚平原地带的阔叶林、次生林和林缘疏林灌木丛。除繁殖季节成对外，其他季节多单独活动，主要以昆虫为食。

分布状况 繁殖于东北地区及内蒙古东部、青海藏南地区；越冬于华南、华东、东南等地区及海南、台湾。在九连山属旅鸟，各地均有分布。易见。

保护级别 "三有"保护野生动物。

居留期记录

| 1月 | 2月 | 3月 | 4月 | 5月 | 6月 | 7月 | 8月 | 9月 | 10月 | 11月 | 12月 |

摄影：陈志高

摄影：陈志高

摄影：陈志高

鹟科 Muscicapidae

250 北灰鹟
Muscicapa dauurica
Asian Brown Flycatcher

形态特征 体长12～14厘米。上体灰褐色，眼圈白色；下体灰白色，翅和尾暗褐色，翼带黄白色；胸侧及两胁淡灰褐色。虹膜黑褐色；嘴黑色，下嘴基黄色；脚黑色。

生活习性 主要栖息于山地森林及山脚平原地带的次生林、林缘疏林灌木丛。常单独或成对活动。主要以昆虫为食，也吃少量蜘蛛等无脊椎动物和部分植物性食物。

分布状况 繁殖于东北地区和内蒙古东北部；迁徙时经华北、华东、华中、西南等地区；部分越冬于华南地区及海南、台湾。在九连山属旅鸟，各地均有分布。易见。

保护级别 "三有"保护野生动物。

居留期记录
| 1月 | 2月 | 3月 | 4月 | 5月 | 6月 | 7月 | 8月 | 9月 | 10月 | 11月 | 12月 |

摄影：陈志高

鹟科 Muscicapidae

251 铜蓝鹟
Eumyias thalassinus
Verditer Flycatcher

形态特征 体长15～17厘米。雄鸟：全身蓝绿色，眼先黑色，尾下覆羽具白色端斑。雌鸟：体色较暗，眼先暗黑色。虹膜褐色；嘴黑色；脚黑色。

生活习性 主要栖息于林缘疏林、农田、村庄附近的次生林、人工林及果园中。常单独或成对活动。主要以昆虫为食，也吃部分植物果实和种子。

分布状况 繁殖于西藏南部及华中、华南、西南等地区；部分鸟在东南部地区越冬。在九连山属冬候鸟，各地均有分布。少见。

保护级别 未列入。

居留期记录

1月 2月 3月 4月 5月 6月 7月 8月 9月 10月 11月 12月

摄影：陈志高

摄影：陈志高

摄影：陈志高

鹟科 Muscicapidae

252 海南蓝仙鹟
Cyornis hainanus
Hainan Blue Flycatcher

形态特征 体长13～15厘米。雄鸟：整个上体深蓝色，前额和眼上眉斑辉蓝色。颏、喉、胸深蓝色，下胸及两胁蓝灰色，其余下体近白色。雌鸟：上体褐色逐渐过渡到尾上的红褐色，喉、上胸淡棕褐色，下胸部皮黄色过渡至腹部及尾下的白色。虹膜黑色；嘴黑色；脚肉红色。

生活习性 主要栖息于低山常绿阔叶林、次生林和林缘灌木丛。常单独或成对活动，偶尔亦见数只小群活动。主要以昆虫为食。

分布状况 分布于云南南部、广西、广东、江西、香港、澳门、海南和台湾。在九连山属夏候鸟，各地均有分布。少见。

保护级别 未列入。

居留期记录

1月 2月 3月 4月 5月 6月 7月 8月 9月 10月 11月 12月

雄鸟
摄影：陈志高

雌鸟
摄影：陈志高

雌鸟
摄影：杜卿

鹟科 Muscicapidae

253 中华仙鹟
Cyornis rubeculoides
Chinese Blue Flycatcher

形态特征 体长13～14厘米。雄鸟：额及眉纹天蓝色，额基、眼先、颊及颏蓝黑色，其余上体深蓝色；喉、胸及两肋棕红色，其余下体白色。雌鸟：上体橄榄褐色，眼先和眼圈棕白色，颈侧灰橄榄褐色，两翅黑褐色具红褐色羽缘，尾红褐色；喉和胸橙黄色，两肋橄榄褐色，其余下体白色。虹膜褐色；嘴黑色；脚粉红色。

生活习性 主要栖息于低山和山脚地带的森林中，尤以沟谷和溪流沿岸树林、竹林丛中较常见。常单独或成对活动。主要以昆虫为食。

分布状况 分布于西藏东南部、陕西南部、云南南部和西部、四川、重庆、贵州、湖北西部、广西。在九连山属旅鸟，2016年5月首次发现于墩头。偶见。

保护级别 未列入。

居留期记录

| 1月 | 2月 | 3月 | 4月 | 5月 | 6月 | 7月 | 8月 | 9月 | 10月 | 11月 | 12月 |

雄鸟
摄影：杜卿

雄鸟
摄影：杜卿

王鹟科 Monarchiae

254 寿带
Terpsiphone incei
Amur Paradise-Flycatcher

形态特征　体长19～49厘米。雄鸟：有栗色和白色两种色型。栗色型头、颈、喉及冠羽均为蓝黑色，眼圈蓝色；其余上体和尾栗色，一对中央尾羽在尾后特别延长，胸灰色，其余下体白色；白色型和栗色型相似，但上体及尾为白色。雌鸟：似栗色型雄鸟，但尾不延长。虹膜黑色；嘴蓝色；脚蓝色。

生活习性　主要栖息于低山丘陵和山脚平原地带的阔叶林中，尤喜沟谷和溪流附近的阔叶林。常单独或成对活动，偶尔也成数只小群。主要以昆虫为食。

分布状况　除内蒙古、青海、新疆、西藏外，见于全国各地。在九连山属夏候鸟，各地均有分布。少见。

保护级别　"三有"保护野生动物，江西省重点保护野生动物。

居留期记录
1月 2月 3月 4月 5月 6月 7月 8月 9月 10月 11月 12月

雌鸟
摄影：杜卿

山雀科 Paridae

255 大山雀
Parus cinereus
Cinereous Tit

形态特征 体长13～15厘米。头黑色，脸侧具大块白斑。上体蓝灰色，背沾绿色，翼上具一道醒目的白色条纹。下体白色，从喉至腹部中央有一道显著黑色纵纹。雌鸟和雄鸟体色相似，但腹部黑色纵纹较细。

生活习性 主要栖息于山地森林、灌木丛、公园、居民点、农耕地等各类生境中。多成对或成小群活动。主要以昆虫为食，偶尔也吃植物性食物。

分布状况 分布范围广，几乎遍及全国。在九连山属留鸟，各地均有分布。常见。

保护级别 "三有"保护野生动物，江西省重点保护野生动物。

居留期记录

1月 2月 3月 4月 5月 6月 7月 8月 9月 10月 11月 12月

摄影：陈志高

摄影：陈志高

山雀科 Paridae

256 黄腹山雀
Pardaliparus venustulus
Yellow-bellied Tit

形态特征 体长9～11厘米。雄鸟：头至上背和颏至上胸黑色，颊和颈后下具白色纵斑。上体蓝灰色，腰银白色，翼上具两排黄白色翅斑；下体至胸以下黄色，两胁灰色。雌鸟：头和上体灰绿色，喉、颏、颊和耳羽灰白色，下体淡黄色。虹膜褐色；嘴黑色；脚蓝灰色。

生活习性 主要栖息于山地各类森林中，冬季多下到低山和山脚平原地带的灌木丛、苗圃、公园、居民点等各类生境。除繁殖期单独或成对活动外，其他季节多结群活动。主要以昆虫为食，偶尔也吃植物性食物。

分布状况 分布于东北、华北、华中、西南、华南、东南等地区。在九连山属留鸟，各地均有分布。少见。

保护级别 "三有"保护野生动物。

居留期记录
1月 2月 3月 4月 5月 6月 7月 8月 9月 10月 11月 12月

雄鸟
摄影：陈志高

雌鸟
摄影：陈志高

山雀科 Paridae

257 黄颊山雀
Machlolophus spilonotus
Yellow-cheeked Tit

形态特征 体长12～14厘米。雄鸟：头顶和冠羽黑色，前额、眼先、眉纹、两颊和枕鲜黄色，眼后有一黑纹；下体灰色，中央从喉至腹部具宽粗的黑色纵纹。雌鸟：似雄鸟，但体色较淡，下体亦无黑色纵纹。虹膜褐色；嘴灰黑色；脚蓝灰色。

生活习性 主要栖息于山地各类森林生境中。多成对或成小群活动。主要以昆虫为食，偶尔也吃植物性食物。

分布状况 分布于西南、华南、东南等地区。在九连山属留鸟，各地均有分布。少见。

保护级别 "三有"保护野生动物。

居留期记录

| 1月 | 2月 | 3月 | 4月 | 5月 | 6月 | 7月 | 8月 | 9月 | 10月 | 11月 | 12月 |

雌鸟
摄影：陈志高

雄鸟
摄影：陈志高

摄影：陈志高

长尾山雀科 Aegithalidae

258 红头长尾山雀
Aegithalos concinnus
Black-throated Bushtit

形态特征 体长9～11厘米。颏、喉白色，宽长的贯眼纹和喉中部半月形斑块黑色。上体蓝灰色，下体白色。头顶至枕、胸带、两胁及尾下覆羽栗红色。虹膜黄色；嘴黑色；脚橘黄色。

生活习性 主要栖息于山地森林和灌木林中，也出现于居民点附近的苗圃、果园等地。性活泼，结群活动。主要以昆虫为食。

分布状况 分布于西藏及西南、华中、华南、东南等地区，包括台湾。在九连山属留鸟，各地均有分布。常见。

保护级别 "三有"保护野生动物。

居留期记录
1月 2月 3月 4月 5月 6月 7月 8月 9月 10月 11月 12月

摄影：陈志高

鸦科 Sittidae

259 普通䴓
Sitta europaea
Eurasian Nuthatch

形态特征 体长12～13厘米。上体蓝灰色，过眼纹黑色，喉白色，腹部淡皮黄色，两胁浓栗色。虹膜深褐色；嘴黑色，下颚基部带粉色；脚灰色。

生活习性 主要栖息于山地针叶林、阔叶林和针阔混交林中。多单独活动。主要以昆虫为食，偶尔也吃植物性食物。

分布状况 分布于西藏东南部、新疆北部和东北、华东、华中、西南、华南等地区及台湾。在九连山属留鸟，各地均有分布。少见。

保护级别 未列入。

居留期记录

1月 2月 3月 4月 5月 6月 7月 8月 9月 10月 11月 12月

摄影：杜卿

摄影：杜卿

啄花鸟科 Dicaeidae

260 红胸啄花鸟
Dicaeum ignipectus
Fire-breasted Flowerpecker

形态特征 体长6～10厘米。雄鸟：上体闪辉深绿蓝色，脸侧和尾羽黑色，下体皮黄色，胸具猩红色的块斑，腹部具一道狭窄的黑色纵纹。雌鸟：上体橄榄绿色，下体棕黄色。虹膜褐色；嘴黑色，脚黑色。

生活习性 主要栖息于常绿阔叶林和次生林中，也常出现在村庄附近的果园和茶园中。

分布状况 分布于西藏东南部及西南、华中、华南、东南等地区和台湾、香港。在九连山属留鸟，各地均有分布。少见。

保护级别 未列入。

居留期记录
1月 2月 3月 4月 5月 6月 7月 8月 9月 10月 11月 12月

雌鸟
摄影：陈志高

雄鸟
摄影：陈志高

啄花鸟科 Dicaeidae

261 纯色啄花鸟
Dicaeum concolor
Plain Flowerpecker

形态特征 体长6～9厘米。上体橄榄绿色，下体偏浅灰色，腹中心奶油色，翼角具白色羽簇。虹膜褐色；嘴黑色；脚深蓝灰色。

生活习性 主要栖息于常绿阔叶林和次生林中，有时也出现在居民点附近的果园和花园中。多单独或成对活动。主要以昆虫、花、花蜜、果实和种子为食。

分布状况 分布于西南、华南等地区和海南、台湾、香港。在九连山属留鸟，各地均有分布。少见。

保护级别 未列入。

居留期记录

| 1月 | 2月 | 3月 | 4月 | 5月 | 6月 | 7月 | 8月 | 9月 | 10月 | 11月 | 12月 |

摄影：杜卿

摄影：杜卿

啄花鸟科 Dicaeidae

262 朱背啄花鸟
Dicaeum cruentatum
Scarlet-backed Flowerpecker

形态特征 体长8～10厘米。雄鸟：顶冠、背及腰猩红色，两翼、头侧及尾黑色，两胁灰色，下体余部白色。雌鸟：上体橄榄色，腰及尾上覆羽猩红色，尾黑色，腹部白色。亚成鸟：清灰色，嘴橘黄色，腰略沾暗橘黄色，下体白色。虹膜褐色；嘴黑绿色；脚黑绿色。

生活习性 主要栖息于低山丘陵地带的阔叶林和次生林中，有时也出现在林缘、果园和村庄附近的小树林中。常单独或成对活动。主要以昆虫和植物浆果为食。

分布状况 分布于西藏东南部、云南南部、江西、福建、广东、广西、香港、澳门和海南。在九连山属留鸟，各地均有分布。少见。

保护级别 未列入。

居留期记录

| 1月 | 2月 | 3月 | 4月 | 5月 | 6月 | 7月 | 8月 | 9月 | 10月 | 11月 | 12月 |

摄影：杜卿

摄影：杜卿

花蜜鸟科 Nectariniidae

263 叉尾太阳鸟
Aethopyga christinae
Fork-tailed Sunbird

形态特征 体长8～11厘米。雄鸟：顶冠及颈背金属绿色，上体橄榄绿色，腰黄色；尾上覆羽及中央尾羽闪辉金属绿色，两条中央尾羽延长，尾成叉状；头侧黑色而具闪辉绿色的髭纹，喉和上胸为深绯红色，下体余部橄榄白色。雌鸟：上体橄榄色，下体浅绿黄色，无叉状尾。虹膜褐色；嘴黑色；脚黑色。

生活习性 栖于森林及有林地区甚至城镇，常光顾开花的矮丛及树木。

分布状况 分布于西南、华南等地区及海南。在九连山属留鸟，各地均有分布。易见。

保护级别 "三有"保护野生动物。

居留期记录
1月 2月 3月 4月 5月 6月 7月 8月 9月 10月 11月 12月

雄鸟
摄影：陈志高

雌鸟
摄影：陈志高

绣眼鸟科 Zosteropidae

264 暗绿绣眼鸟
Zosterops japonicus
Japanese White-eye

形态特征 体长9～11厘米。上体呈鲜亮绿橄榄色，具明显的白色眼圈，前额、颏、喉及臀部黄色，胸及两胁灰色，腹部白色。虹膜褐色；嘴黑色；脚灰黑色。

生活习性 主要栖息于各种类型森林中，也栖息于城镇附近的果园和绿化树中。喜群栖，性活泼。主要以昆虫、植物浆果及花蜜为食。

分布状况 分布于华东、华中、西南、华南、东南等地区及台湾、香港、海南。在九连山属留鸟，各地均有分布。常见。

保护级别 "三有"保护野生动物。

居留期记录
1月 2月 3月 4月 5月 6月 7月 8月 9月 10月 11月 12月

摄影：陈志高

摄影：陈志高

摄影：陈志高

绣眼鸟科 Zosteropidae

265 栗耳凤鹛
Yuhina castaniceps
Striated Yuhina

形态特征 体长12～15厘米。前额至羽冠褐灰色，羽冠后面灰色，耳羽和颈侧栗褐色，具白色羽干纹。上体橄榄灰褐色，具白色羽干纹，翼和尾灰褐色，外侧尾羽具明显的白色端斑。下体淡灰色，两胁淡褐色。虹膜褐色；嘴红褐色，嘴端色深；脚粉红色。

生活习性 主要栖息于海拔1500米以下的各类森林。除繁殖期成对活动外，其他季节多成群活动。主要以昆虫为食，也吃植物果实和种子。

分布状况 分布于西南、华南、华东等地区。在九连山属留鸟，各地均有分布。易见。

保护级别 未列入。

居留期记录

1月 2月 3月 4月 5月 6月 7月 8月 9月 10月 11月 12月

摄影：陈志高

摄影：陈志高

绣眼鸟科 Zosteropidae

266 白颈凤鹛
Yuhina bakeri
White-naped Yuhina

形态特征 体长13厘米。冠羽棕褐色，枕部、颏和喉白色。上体大致橄榄褐色。尾下覆羽沾棕色。下体余部皮黄褐色。虹膜褐色；嘴褐色；脚粉褐色。

生活习性 栖息于山地的常绿阔叶林和灌木丛中。群栖性，常与其他鸟类混群。主要以昆虫为食。

分布状况 分布于西藏东南部、云南西北部。在九连山属迷鸟，2003年以前曾有记录，最近15年未有发现记录。

保护级别 "三有"保护野生动物。

居留期记录

1月 2月 3月 4月 5月 6月 7月 8月 9月 10月 11月 12月

摄影：林剑声

莺雀科 Vireonidae

267 白腹凤鹛
Erpornis zantholeuca
White-bellied Erpornis

形态特征 体长10～12厘米。上体橄榄绿色，下体灰白色，尾下覆羽黄色，冠羽凸显。虹膜褐色；嘴角质色；脚角质色。

生活习性 主要栖息于山地森林和林缘灌丛。常单独或成对活动，冬季也集小群与其他鸟类混群。主要以昆虫为食，也吃植物果实和种子。

分布状况 分布于西南地区、长江流域及其以南地区，包括台湾、海南。在九连山属留鸟，各地均有分布。易见。

保护级别 未列入。

居留期记录
1月 2月 3月 4月 5月 6月 7月 8月 9月 10月 11月 12月

摄影：陈志高

摄影：杜卿

雀科 Passeridae

268 麻雀
Passer montanus
Eurasian Tree Sparrow

形态特征 体长14～15厘米。顶冠及颈背栗褐色，颈背具完整的灰白色领环，耳部有一黑斑，上体近褐色具黑色纵纹。颏、喉黑色，下体皮黄灰色。虹膜黑褐色；嘴黑色；脚粉褐色。

生活习性 主要栖息于山地、平原、沼泽、农田、城镇等各类生境中。多成群活动。性活跃。食性杂，主要以植物果实和种子为食，也吃昆虫等动物性食物。

分布状况 分布范围广，几遍全国。在九连山属留鸟，各地均有分布。常见。

保护级别 "三有"保护野生动物。

居留期记录
1月 2月 3月 4月 5月 6月 7月 8月 9月 10月 11月 12月

摄影：陈志高

摄影：陈志高

摄影：陈志高

雀科 Passeridae

269 山麻雀
Passer cinnamomeus
Russet Sparrow

形态特征 体长13～15厘米。雄鸟：额、头顶及上体栗红色，背具黑色纵纹，翼斑白色，翅和尾黑褐色，具棕白色羽缘；颏、喉黑色，脸颊及其余下体污白色。雌鸟：上体灰褐色，具显著的皮黄白色眉纹，额、喉无黑色，其余似雄鸟。虹膜褐色；嘴黑色；脚粉褐色。

生活习性 主要栖息于低山丘陵和山脚平原的各类森林及林缘疏林、灌木丛和草丛中。除繁殖期单独或成对活动外，其他季节多成群活动。食性杂，主要以昆虫和植物性食物为食。

分布状况 分布于西藏南部和东南部、青海东部、西南及华中、华南、东南等地区。在九连山属留鸟，各地均有分布。少见。

保护级别 "三有"保护野生动物。

居留期记录

1月 2月 3月 4月 5月 6月 7月 8月 9月 10月 11月 12月

雄鸟
摄影：陈志高

雌鸟
摄影：陈志高

梅花雀科 Estrildidae

270 白腰文鸟
Lonchura striata
White-rumped Munia

形态特征 体长10～11厘米。上体深褐色，具白色羽干纹；额、眼先、颊、喉黑褐色，颈侧和上胸黄栗色，下胸和腹部近白色，腰白色，尾上、下覆羽黑色。亚成鸟色较淡，腰皮黄色。虹膜褐色；上嘴黑色，下嘴灰色；脚灰色。

生活习性 主要栖息于低山、平原、沼泽、农田、城镇等各类生境中。多成群活动。食性杂，主要以植物果实和种子为食，也吃少量昆虫等动物性食物。

分布状况 分布于华中、华南、西南、东南等地区及台湾、香港。在九连山属留鸟，各地均有分布。常见。

保护级别 未列入。

居留期记录

| 1月 | 2月 | 3月 | 4月 | 5月 | 6月 | 7月 | 8月 | 9月 | 10月 | 11月 | 12月 |

摄影：陈志高

摄影：陈志高

亚成鸟
摄影：陈志高

梅花雀科 Estrildidae

271 斑文鸟
Lonchura punctulata
Scaly-breasted Munia

形态特征 体长10～12厘米。上体褐色，羽轴白色而成细小纵纹，喉及两颊红褐色；下体白色，胸及两胁具深褐色鳞状斑。亚成鸟下体浓皮黄色而无鳞状斑。虹膜红褐色；嘴蓝灰色；脚灰黑色。

生活习性 主要栖息于低山、平原、沼泽、农田、城镇等各类生境中。多成群活动。食性杂，主要以植物果实和种子为食，也吃少量昆虫等动物性食物。

分布状况 分布于西藏东南部及西南、华南等地区，东南部分地区，台湾、香港和海南。在九连山属留鸟，各地均有分布。常见。

保护级别 未列入。

居留期记录

| 1月 | 2月 | 3月 | 4月 | 5月 | 6月 | 7月 | 8月 | 9月 | 10月 | 11月 | 12月 |

成鸟
摄影：陈志高

燕雀科 Fringillidae

272 燕雀
Fringilla montifringilla
Brambling

形态特征 体长14~17厘米。雄鸟：头及颈背黑色；背近黑色；两翅及叉形尾黑色；喉、胸、两胁、小覆羽、大覆羽红棕色，腰和腹部白色。雌鸟：似雄鸟，但头灰褐色，颈灰色。虹膜褐色；嘴黄色，嘴尖黑色；脚粉褐色。

生活习性 主要栖息于各类森林中，冬季也出现在农田、果园和村庄附近的小树林中。多成群活动。食性杂，主要以植物果实、种子为食，繁殖期主要以昆虫为食。

分布状况 除宁夏、西藏、青海、海南外，见于全国各地。在九连山属冬候鸟，各地均有分布。易见。

保护级别 "三有"保护野生动物。

居留期记录
1月 2月 3月 4月 5月 6月 7月 8月 9月 10月 11月 12月

雄鸟
摄影：陈志高

雌鸟
摄影：陈志高

摄影：陈志高

燕雀科 Fringillidae

273 金翅雀
Chloris sinica
Grey-capped Greenfinch

形态特征 体长12～14厘米。雄鸟：顶冠及颈背灰色，背纯褐色，翅上具宽阔的黄色翼斑，腰黄色，下体栗褐色，尾下覆羽及外侧尾羽鲜黄色。雌鸟：上、下体灰褐色，并有暗色纵纹，其余似雄鸟。虹膜深褐色；嘴偏粉色；脚粉褐色。

生活习性 主要栖息于低山丘陵和平原地带的疏林中，也出现于公园、农耕地、果园和村庄附近的小树林中。多单独或成对活动，非繁殖期成群活动。主要以植物果实和种子为食，也吃少量昆虫等动物性食物。

分布状况 分布于甘肃、青海及东北、华北、华中、西南、华南、东南等地区，台湾、香港。在九连山属留鸟，各地均有分布。少见。

保护级别 "三有"保护野生动物。

居留期记录

| 1月 | 2月 | 3月 | 4月 | 5月 | 6月 | 7月 | 8月 | 9月 | 10月 | 11月 | 12月 |

摄影：陈志高

燕雀科 Fringillidae

274 黄雀
Spinus spinus
Eurasian Siskin

形态特征 体长11～12厘米。雄鸟：上体黄绿色，额、头顶及颏黑色，头侧、上胸、翅斑、腰及尾基部亮黄色，翅和尾羽黑褐色。雌鸟：色暗而多纵纹，顶冠和颏无黑色。幼鸟似雌鸟但褐色较重，上体和下体均具暗色纵纹。虹膜深褐色；嘴偏粉色；脚近黑色。

生活习性 繁殖期主要栖息于各类森林和林缘疏林地带，其他季节栖息于低山丘陵和山脚平原的树丛。除繁殖季节成对活动外，其他季节喜成群。主要以植物性食物为食，繁殖期间也吃部分昆虫。

分布状况 除宁夏、西藏外分布于全国各省。在九连山属冬候鸟，各地均有分布。少见。

保护级别 "三有"保护野生动物。

居留期记录
1月 2月 3月 4月 5月 6月 7月 8月 9月 10月 11月 12月

雌鸟
摄影：陈志高

雄鸟
摄影：陈志高

燕雀科 Fringillidae

275 普通朱雀
Carpodacus erythrinus
Common Rosefinch

形态特征 体长13～16厘米。雄鸟：头顶、喉、上胸、腰鲜亮红色，后颈、背和肩橄榄褐色具暗色纵纹，翅和尾黑褐色，腹部污白色。雌鸟：无粉红，上体橄榄褐色，两地翼斑和下体黄白色，喉、胸，两胁具黑褐色纵纹。虹膜深褐色；嘴灰色；脚近黑色。

生活习性 主要栖息于海拔1000米以上的针叶林、针阔混交林及其林缘地带，秋冬季也出现于农耕地、苗圃和村庄附近的小树林中。常单独或成对活动，繁殖期喜成小群。主要以植物性食物为主，繁殖期也吃部分昆虫。

分布状况 分布于西藏、青海、甘肃、新疆、内蒙古及东北、华中、西南、华南、东南等地区。在九连山属冬候鸟，各地均有分布。少见。

保护级别 "三有"保护野生动物。

居留期记录
1月 2月 3月 4月 5月 6月 7月 8月 9月 10月 11月 12月

雄鸟
摄影：陈志高

雌鸟
摄影：陈志高

燕雀科 Fringillidae

276 黑头蜡嘴雀
Eophona personata
Japenese Grosbeak

形态特征 体长21～24厘米。嘴大。雄鸟：具黑色
的头罩，上、下体羽灰色，两翅及尾黑色，翅上具白
色翼斑。雌鸟：似雄鸟，但上体为褐灰色。虹膜深褐
色；嘴蜡黄色；脚粉褐色。

生活习性 主要栖息于海拔1300米以下的各类森林
中，秋冬季也栖息于城市公园、果园、农田等地带。
除繁殖季节成对活动外，其他季节多成群活动。主要
以植物性食物为主，繁殖期以昆虫为食。

分布状况 繁殖于东北、华北等地区；越冬于西南、
华中、华南、东南等地区及台湾、香港。在九连山属
冬候鸟，各地均有分布。少见。

保护级别 "三有"保护野生动物。

居留期记录

1月 2月 3月 4月 5月 6月 7月 8月 9月 10月 11月 12月

摄影：陈志高

摄影：杜卿

雌鸟
摄影：陈志高

燕雀科 Fringillidae

277 黑尾蜡嘴雀
Eophona migratoria
Chinese Grosbeak

形态特征 体长17~21厘米。嘴硕大。雄鸟：上体灰褐色，翅和尾黑色，初级飞羽和尾下覆羽白色，下体灰褐色，臀部黄褐色。雌鸟：似雄鸟，但头部无黑色头罩。与黑头蜡嘴雀的区别：本种体型较小，黑色头罩范围较大，飞羽具白色端斑，飞行时能见白色翼后缘。虹膜褐色；嘴深黄色而嘴端蓝黑色；脚粉褐色。

生活习性 主要栖息于低山和平原地区的森林和林缘、农田、公园等各类生境中。除繁殖季节成对活动外，其他季节喜成群。主要以植物性食物为食，繁殖期间也吃部分昆虫。

分布状况 繁殖于东北、华北等地区及内蒙古东北部和东南部；越冬于西南、华中、华南、东南等地区及台湾。在九连山属冬候鸟，各地均有分布。易见。

保护级别 "三有"保护野生动物。

居留期记录

1月 2月 3月 4月 5月 6月 7月 8月 9月 10月 11月 12月

雄鸟
摄影：陈志高

鹀科 Emberizidae

278 栗鹀
Emberiza rutila
Chestnut Bunting

形态特征 体长14～15厘米。雄鸟：夏羽头、上体及胸栗红色，腹部黄色，两胁具褐色纵纹，翅和尾黑褐色；冬羽和夏羽雄鸟相似，但色较暗，头及胸散洒黄色。雌鸟：上体橄榄褐色并具有黑色纵纹，眉纹淡黄色，髭纹黑色，腰栗色，下体淡黄色。虹膜暗褐色；嘴褐色；脚肉色。

生活习性 栖息于林缘、河流、沼泽、农田等开阔地带的灌木丛、草地中。繁殖期多单独或成对活动，其他季节多成小群。主要以草籽、种子和果实为食。

分布状况 除西藏、青海外，分布于全国各省。在九连山属冬候鸟，部分为旅鸟，各地均有分布。易见。

保护级别 "三有"保护野生动物。

居留期记录

1月 2月 3月 4月 5月 6月 7月 8月 9月 10月 11月 12月

雄鸟
摄影：陈志高

雌鸟
摄影：陈志高

鹀科 Emberizidae

279 黄胸鹀
Emberiza aureola
Yellow-breasted Bunting

形态特征　体长14～15厘米。雄鸟：夏羽头顶及颈、背栗色，脸及喉黑色，两翅黑褐色，翼角有显著的白色斑块。下体鲜黄色，胸具一深栗色横带；冬羽的雄鸟色彩淡许多，颏及喉黄色，仅耳羽黑而具杂斑。雌鸟：上体棕褐色，顶纹浅沙色，两侧有深色的侧冠纹，眉纹皮黄色，下体淡黄色，胸无横带，两胁具栗褐色纵纹。虹膜深栗褐色；上嘴灰色，下嘴粉褐色；脚淡褐色。

生活习性　栖息于低山丘陵和开阔平原地带的灌木丛。繁殖期多单独或成对活动，其他季节成群活动。繁殖期以昆虫为食，其他季节以植物性食物为食。

分布状况　繁殖于东北地区；迁徙期间见于华中、华南、东南等地区。在九连山属旅鸟，各地均有分布。少见。

保护级别　"三有"保护野生动物。

居留期记录
1月 2月 3月 4月 5月 6月 7月 8月 9月 10月 11月 12月

雌鸟
摄影：陈志高

雄鸟
摄影：陈志高

鹀科 Emberizidae

280 黄喉鹀
Emberiza elegans
Yellow-throated Bunting

形态特征　体长14～15厘米。雄鸟：具短而竖立的黑色羽冠，宽阔的眉纹和喉鲜黄色，颊和半月形的胸斑黑色，背栗红色具黑色羽干纹，下体白色，两胁具栗色纵纹。雌鸟：羽冠和颊为褐色，胸无半月形黑色胸斑，其余似雄鸟。虹膜深栗褐色；嘴近黑色；脚浅灰褐色。

生活习性　栖息于低山丘陵、农田、果园、道路边的次生林或灌木丛中。繁殖期多单独或成对活动，其他季节多集群活动。繁殖季节主要以昆虫为食，其他季节主要以植物性食物为食。

分布状况　分布于东北、西南、华南、东南等地区。在九连山属冬候鸟，各地均有分布。少见。

保护级别　"三有"保护野生动物。

居留期记录

1月 2月 3月 4月 5月 6月 7月 8月 9月 10月 11月 12月

雄鸟
摄影：林剑声

雌鸟
摄影：陈志高

鹀科 Emberizidae

281 灰头鹀
Emberiza spodocephala
Black-faced Bunting

形态特征 体长14~15厘米。指名亚种：夏羽：雄鸟头、颈背及喉灰色，眼先及颏黑色，上体余部浓栗色而具明显的黑色纵纹，下体浅黄色或近白色，肩部具一白斑，尾色深而带白色边缘；雌鸟及冬季雄鸟头橄榄色，过眼纹及耳覆羽下的月牙形斑纹黄色。冬季雄鸟无黑色眼先。虹膜深栗褐色；上嘴近黑色并具浅色边缘，下嘴偏粉色且嘴端深色；脚粉褐色。

生活习性 栖息于低山丘陵和平原地带的灌木丛、草地中。繁殖期多单独或成对活动，非繁殖期成小群活动。繁殖期主要以昆虫为食，也吃部分小型无脊椎动物。非繁殖期主要以种子、果实等植物性食物为食。

分布状况 除西藏外，分布于全国各省。在九连山属冬候鸟，各地均有分布。常见。

保护级别 "三有"保护野生动物。

居留期记录

1月 2月 3月 4月 5月 6月 7月 8月 9月 10月 11月 12月

摄影：陈志高

摄影：陈志高

鹀科 Emberizidae

282 栗耳鹀
Emberiza fucata
Chestnut-eared Bunting

形态特征 体长15～16厘米。雄鸟：头顶至后颈及颈侧灰色，具黑色细纵纹。耳羽、肩栗色，颊纹皮黄白色，髭纹黑色，背栗色具粗黑纵纹；喉至上胸白色，胸有由黑色及栗色形成的两道胸环；胸以下黄白色，具黑色纵纹。雌鸟：羽色较淡，无栗色胸环，其余似雄鸟。

生活习性 栖息于低山、丘陵、平原、沼泽等开阔地带的灌丛、草丛中。繁殖期间多单独或成对活动，非繁殖期成小群活动。繁殖期主要以昆虫为食，非繁殖期主要以草籽、种子、农作物等植物性食物为食。

分布状况 繁殖于东北、华北、华中、西南等地区及西藏；越冬于华南、东南等地区及台湾、海南。在九连山属冬候鸟，各地均有分布。少见。

保护级别 "三有"保护野生动物。

居留期记录
1月 2月 3月 4月 5月 6月 7月 8月 9月 10月 11月 12月

雌鸟
摄影：陈志高

雄鸟
摄影：陈志高

鹀科 Emberizidae

283 小鹀
Emberiza pusilla
Little Bunting

形态特征 体长13~14厘米。夏羽：头顶栗红色，眼先、眼周和耳羽栗色，形成一大的栗色斑，上体余部大致沙褐色，背部具暗褐色纵纹；胸及两胁具黑色纵纹，腹部白色。冬羽：顶冠纹及耳羽暗栗色，颊纹及耳羽边缘灰黑色，眉纹及第二道下颊纹暗皮黄褐色；上体褐色而带深色纵纹；下体偏白，胸及两胁有黑色纵纹。虹膜深红褐色；嘴灰色；脚红褐色。

生活习性 栖息于低山、丘陵、林缘、农田等地带的灌木丛、草丛中。繁殖期多单独或成对活动，其他季节多成群。主要以种子、果实等植物性食物为食，也吃昆虫等动物性食物。

分布状况 分布于全国各省。在九连山属冬候鸟，各地均有分布。常见。

保护级别 "三有"保护野生动物。

居留期记录

1月 2月 3月 4月 5月 6月 7月 8月 9月 10月 11月 12月

摄影：陈志高

摄影：陈志高

鹀科 Emberizidae

284 黄眉鹀
Emberiza chrysophrys
Yellow-browed Bunting

形态特征 体长14～15厘米。雄鸟：头黑色，顶贯纹和颧纹白色，眉纹前半部黄色，背、肩褐色，并具黑色纵纹；下体白色，喉、胸和两胁具黑色纵纹。雌鸟：似雄鸟，但头部羽色较淡，耳羽为淡褐色。虹膜深褐色；嘴粉色，嘴峰及下嘴端灰色；脚粉红色。

生活习性 栖息于低山丘陵和平原地带的阔叶林和混交林中，也见于林间路边、溪流沿岸、农田地边的灌木丛和草丛中。多成对或成小群活动。主要以草籽等植物性食物为食，也吃少量昆虫。

分布状况 在我国主要为冬候鸟和旅鸟。迁徙期间见于东北、华北、华中等地区；越冬于西南、华南等地区及东南部分地区。在九连山属冬候鸟，各地均有分布。易见。

保护级别 "三有"保护野生动物。

居留期记录

1月 2月 3月 4月 5月 6月 7月 8月 9月 10月 11月 12月

雄鸟
摄影：陈志高

雌鸟
摄影：陈志高

鹀科 Emberizidae

285 白眉鹀
Emberiza tristrami
Tristram's Bunting

形态特征 体长13～15厘米。头具显著条纹。雄鸟夏羽：头和喉黑色，顶贯纹、眉纹、颊纹白色，耳后有一圆白斑，上体栗褐色具黑色纵纹，腰和尾上覆羽栗红色，胸栗色，其余下体白色，两胁具栗色纵纹；雄鸟冬羽：夏羽头部白色部分转为黄白色，喉部黑色沾浅黄色。雌鸟：似雄鸟夏羽，但头为黑褐色，顶贯纹、眉纹、颊纹为棕白色，耳羽棕褐色，喉黄白色具黑色细纹。虹膜褐色；上嘴蓝灰色，下嘴粉褐色；脚肉色。

生活习性 栖息于海拔700～1200米的针叶林、阔叶林、针阔混交林等各类森林中。繁殖期多单独或成对活动，迁徙期间多成小群活动。主要以草籽等植物性食物为食，也吃昆虫等动物性食物。

分布状况 繁殖于东北地区；越冬于长江以南各地。在九连山属冬候鸟，各地均有分布。易见。

保护级别 "三有"保护野生动物。

居留期记录

1月 2月 3月 4月 5月 6月 7月 8月 9月 10月 11月 12月

雄鸟
摄影：陈志高

雌鸟
摄影：陈志高

鹀科 Emberizidae

286 凤头鹀
Melophus lathami
Crested Bunting

形态特征 体长15～17厘米。雄鸟：上体辉黑色，两翼及尾栗色，尾端黑色。雌鸟：全身深橄榄褐色，上背及胸满布黑褐色纵纹，羽冠较短不明显，两翅暗褐色具栗色羽缘。虹膜深褐色；嘴灰褐色，下嘴基粉红色；脚紫褐色。

生活习性 栖息于中高山区地带，秋冬季也出现于林缘、农田和村庄附近的树丛和灌木丛中。繁殖季节常单独或成对活动，其他季节多成小群活动。主要以种子、谷类等植物性食物为食，也吃昆虫等动物性食物。

分布状况 分布于华中、西南、华南、东南等地区。在九连山属留鸟，各地均有分布。少见。

保护级别 "三有"保护野生动物。

居留期记录
1月 2月 3月 4月 5月 6月 7月 8月 9月 10月 11月 12月

雄鸟
摄影：杜卿

雌鸟
摄影：林剑声

参考文献
REFERENCES

郑光美. 中国鸟类分类与分布名录（第三版）[M]. 北京: 科学出版社, 2017.

约翰·马敬能, 卡伦·菲利普斯, 何芬奇. 中国鸟类野外手册[M]. 长沙: 湖南教育出版社, 2000.

赵正阶. 中国鸟类志[M]. 长春: 吉林科学技术出版社, 2001.

曲利民. 中国鸟类图鉴[M]. 福州: 海峡书局出版社, 2013.

黄小春, 汪志如. 江西鸟类图鉴[M]. 南昌: 江西科学技术出版社, 2015.

刘智勇. 九连山保护区鸟类资源[M]//刘信中, 肖忠优, 马建华. 江西九连山自然保护区科学考察与森林生态系统研究. 北京: 中国林业出版社, 2002.

廖承开, 林宝珠, 张昌友. 江西九连山国家级自然保护区鸟类新记录[J]. 江西林业科技, 2011, 39(2): 44-45.

曾南京, 俞长好, 刘观华, 等. 江西省鸟类种类统计与多样性分析[J]. 湿地科学与管理, 2018, 14(2): 50-60.

附录
APPENDIXES

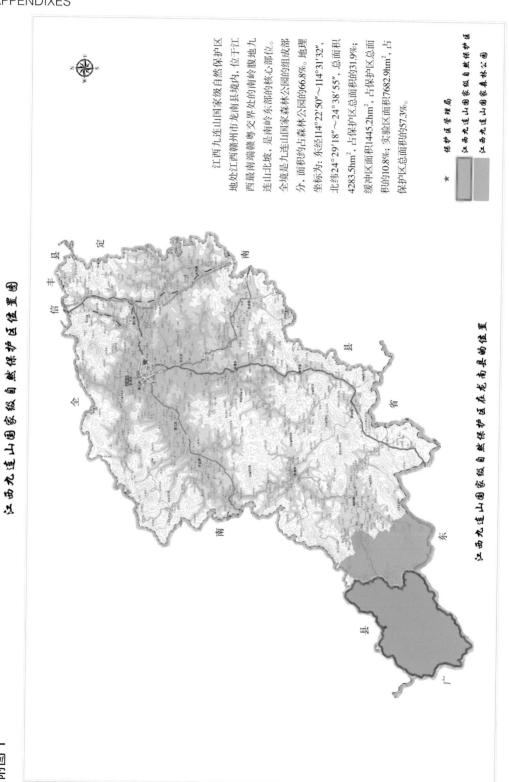

附图1

江西九连山国家级自然保护区位置图

江西九连山国家级自然保护区在龙南县的位置

江西九连山国家级自然保护区地处江西赣州市龙南县境内，位于江西最南端赣粤交界处的南岭腹地九连山北坡，是南岭东部的核心部位。全境是九连山国家森林公园的组成部分，面积约占森林公园的66.8%。地理坐标为：东经114°22'50"～114°31'32"，北纬24°29'18"～24°38'55"，总面积4283.5hm²，占保护区总面积的31.9%；缓冲区面积1445.2hm²，占保护区总面积的10.8%；实验区面积7682.9hm²，占保护区总面积的57.3%。

★ 保护区管理局

江西九连山国家级自然保护区
江西九连山国家森林公园

附图2　江西九连山国家级自然保护区功能区划图

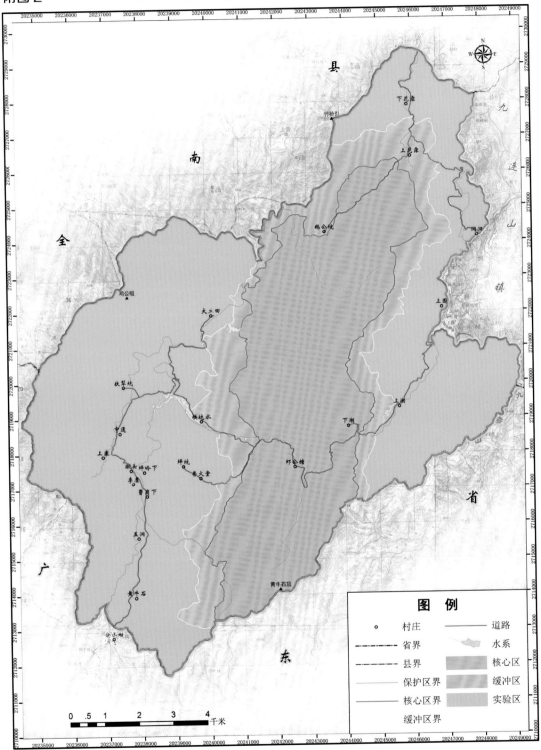

图　例

○ 村庄	——— 道路	
省界	水系	
县界	核心区	
保护区界	缓冲区	
核心区界	实验区	
缓冲区界		

0　.5　1　2　3　4 千米

附图3　　江西九连山国家级自然保护区重点保护野生动物分布示意图

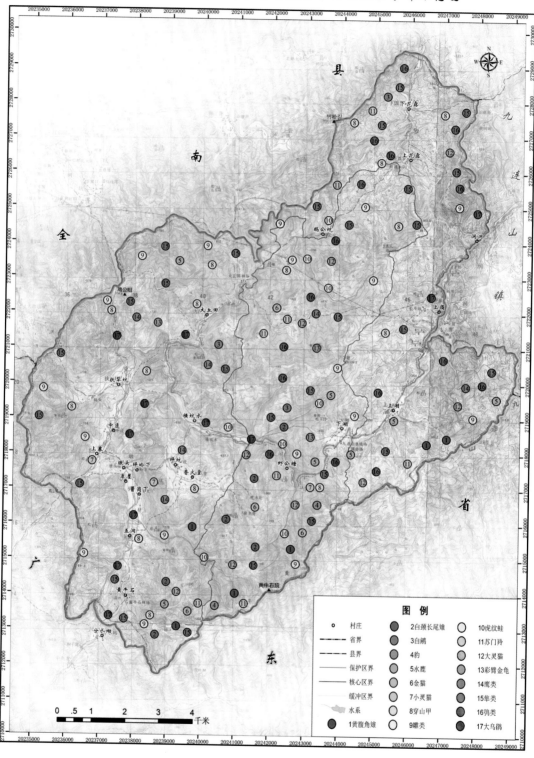

索引
INDEXES

中文名称索引

拉丁学名索引